石油化工职业技能培训教材

汽油加氢装置操作工

中国石油化工集团公司人事部
中国石油天然气集团公司人事服务中心 编

中国石化出版社

内 容 提 要

《汽油加氢装置操作工》为《石油化工职业技能培训教材》系列之一，涵盖石油化工生产人员《国家职业标准》中，对该工种初级工、中级工、高级工、技师、高级技师五个级别的专业理论知识和操作技能的要求。主要内容包括裂解汽油加氢装置的基本原理、工艺流程、重要设备、典型催化剂、开停车步骤、基本操作、事故处理和安全环保等知识。本书是裂解汽油加氢装置操作人员进行职业技能培训的必要教材，也是专业技术人员必备的参考书。

图书在版编目（CIP）数据

汽油加氢装置操作工／中国石油化工集团公司人事处，中国石油天然气集团公司人事服务中心编. —北京：中国石化出版社，2008（2022.8重印）
石油化工职业技能培训教材
ISBN 978-7-80229-578-0

Ⅰ. 汽… Ⅱ. ①中… ②中… Ⅲ. 汽油-加氢-化工设备-操作-技术培训-教材 Ⅳ. TE665.6

中国版本图书馆CIP数据核字（2008）第059199号

中国石化出版社出版发行
地址：北京市东城区安定门外大街58号
邮编：100011　电话：(010)57512500
发行部电话：(010)57512575
http://www.sinopec-press.com
E-mail：press@sinopec.com
北京艾普海德印刷有限公司印刷
全国各地新华书店经销

*

787×1092毫米16开本9.5印张229千字
2014年8月第1版　2022年8月第4次印刷
定价：20.00元

《石油化工职业技能培训教材》

开发工作领导小组

组　长： 周　原

成　员：（按姓氏笔画顺序）

于洪涛　王子康　王玉霖　王妙云　王者顺　王　彪
付　建　向守源　孙伟君　何敏君　余小余　冷胜军
吴　耘　张　凯　张继田　李　刚　杨继钢　邹建华
陆伟群　周赢冠　苟连杰　赵日峰　唐成建　钱衡格
蒋　凡

编审专家组

（按姓氏笔画顺序）

王　强　史瑞生　孙宝慈　李兆斌　李志英　岑奇顺
杨　徐　郑世桂　姜殿虹　唐　杰　黎宗坚

编审委员会

主　任： 王者顺

副主任： 向守源　周志明

成　员：（按姓氏笔画顺序）

王力健　王凤维　叶方军　任　伟　刘文玉　刘忠华
刘保书　刘瑞善　朱长根　朱家成　江毅平　许　坚
余立辉　吴　云　张云燕　张月娥　张全胜　肖铁岩
陆正伟　罗锡庆　倪春志　贾铁成　高　原　崔　昶
曹宗祥　职丽枫　黄义贤　彭干明　谢　东　谢学民
韩　伟　雷建忠　谭忠阁　潘　慧　穆晓秋

前言

为了进一步加强石油化工行业技能人才队伍建设，满足职业技能培训和鉴定的需要，中国石油化工集团公司人事部、中国石油天然气集团公司人事服务中心联合组织编写了《石油化工职业技能培训教材》。本套教材的编写依照劳动和社会保障部制定的石油化工生产人员《国家职业标准》及中国石油化工集团公司人事部编制的《石油化工职业技能培训考核大纲》，坚持以职业活动为导向，以职业技能为核心，以“实用、管用、够用”为编写原则，结合石油化工行业生产实际，以适应技术进步、技术创新、新工艺、新设备、新材料、新方法等要求，突出实用性、先进性、通用性，力求为石油化工行业生产人员职业技能培训提供一套高质量的教材。

根据国家职业分类和石油化工行业各工种的特点，本套教材采用共性知识集中编写，各工种特有知识单独分册编写的模式。全套教材共分为三个层次，涵盖石油化工生产人员《国家职业标准》各职业(工种)对初级、中级、高级、技师和高级技师各级别的要求。

第一层次《石油化工通用知识》为石油化工行业通用基础知识，涵盖石油化工生产人员《国家职业标准》对各职业(工种)共性知识的要求。主要内容包括：职业道德，相关法律法规知识，安全生产与环境保护，生产管理，质量管理，生产记录、公文和技术文件，制图与识图，计算机基础，职业培训与职业技能鉴定等方面的基本知识。

第二层次为专业基础知识，分为《炼油基础知识》和《化工化纤基础知识》两册。其中《炼油基础知识》涵盖燃料油生产工、润滑油(脂)生产工等职业(工种)的专业基础及相关知识；《化工化纤基础知识》涵盖脂肪烃生产工、烃类衍生物生产工等职业(工种)的专业基础及相关知识。

第三层次为各工种专业理论知识和操作技能，涵盖石油化工生产人员《国家职业标准》对各工种操作技能和相关知识的要求，包括工艺原理、工艺操作、设备使用与维护、事故判断与处理等内容。

《汽油加氢装置操作工》为第三层次教材。内容包括裂解汽油加氢装置的基本原理、工艺流程、重要设备、典型催化剂、开停车步骤、基本操作、事故处理和安全环保等。该教材内容丰富，通俗易懂，适用于本职业本工种各个等级的培训考核，对实际工作和日常操作亦有指导作用。

《汽油加氢装置操作工》教材由扬子石化负责组织编写。主编常江(扬子石化)，参加编写的人员有李刚(扬子石化)、郜维松(扬子石化)、缪玲(扬子石化)。本教材已经中国石油化工集团公司人事部、中国石油天然气集团公司人事服务中心组织的职业技能培训教材审定委员会审定通过。主审宋嘉波，参加审定的人员有唐杰、李海潮、扈刚、白忠辉、杨福伢、王辉、顾兆峰。审定工作得到了燕山石化、齐鲁石化、扬子石化的大力支持；中国石化出版社对教材的编写和出版工作给予了通力协作和配合，在此一并表示感谢。

由于石油化工职业技能培训教材涵盖的职业(工种)较多，同工种不同企业的生产装置之间也存在着差别，编写难度较大，加之编写时间紧迫，不足之处在所难免，敬请各使用单位及个人对教材提出宝贵意见和建议，以便教材修订时补充更正。

目　　录

第1章　概　　述

第2章 工艺流程及技术特点

第3章 设 备

第4章 裂解汽油加氢装置的添加剂和催化剂

第5章 装置开车与停车

第6章 正常操作与产品质量控制

第7章　事故判断与处理

第8章　安全、环保与节能

第1章 概 述

裂解汽油加氢装置在化工生产过程中，起着承前启后的作用，它将上游乙烯装置生产的裂解汽油(分离工段的脱丁烷塔和压缩工段的汽油汽提塔以及裂解工段急冷塔的抽出汽油)，经过一、二段加氢饱和，得到中心馏分产品去作为芳烃抽提的原料，经分离切割得到裂解汽油中的C_5(碳五)、C_9^+(碳九以上)馏分，作为下游装置的原料被进一步加工处理。

由于芳烃抽提装置所需要的是C_6(碳六)~C_8(碳八)的稳定组分，而裂解汽油中的C_6~C_8组分含有烯烃和二烯烃，特别是二烯烃和带有烯基的芳烃(如苯乙烯)受热和光的作用易聚合生成胶质。胶质容易积聚，堵塞管道，更主要的是使之在后加工过程中发生结焦和析炭等现象，有碍于后加工芳烃溶剂的抽提。裂解汽油中的C_6~C_8组分还含有杂质如硫、氮、氧等化合物，这些物质的存在会加速胶质的生成，硫化物还会影响汽油产品的抗震性能。所以必须加氢使烯烃成为饱和烃，杂质转化为H_2S、NH_3、H_2O等，并将H_2S、NH_3、H_2O等从系统中排出。经过这样的处理，生产出符合芳烃抽提装置要求的加氢汽油。

裂解汽油(蒸汽裂解法得到的粗汽油)随裂解原料及裂解炉型的不同，其产率也会有不同的变化。一般说来，其产量约为乙烯量的50%~60%甚至更高。裂解汽油的组成中约含有50%的苯、甲苯和二甲苯。因此，加氢裂解汽油是生产芳烃的好原料，目前对这部分芳烃资源利用还不十分完全，需要进一步研究开发。如裂解汽油C_8馏分中含有较多的苯乙烯，国外已开发了从中抽提苯乙烯的技术，我们也应该考虑开发该项技术，或考虑引进国外技术，回收裂解C_8中的苯乙烯。这样做既回收了苯乙烯，又使裂解C_8加氢后更适宜做生产二甲苯的原料；Exxon Mobil公司开发了可用于高乙苯含量混合二甲苯异构化技术，使用的异构化催化剂能明显地提高乙苯转化成二甲苯的转化率，从而增加了二甲苯产品的收率。

世界各国对C_5馏分的应用，其深度和方案各异。大体上可以分为两种方案：第一类为混合C_5的应用，包括合成石油树脂、加氢汽油、加氢后用作裂解原料、芳构化及用作燃料等；第二类是分离后单独利用，其中分离混合C_5馏分提纯出含量较高的异戊二烯、环戊二烯(双环戊二烯)和间戊二烯，是分离技术的关键。分离出的环戊二烯(双环戊二烯)和间戊二烯被作为制石油树脂的原料，而异戊二烯是制造合成橡胶及添加剂的宝贵原料。工业上也有采用热二聚法分离环戊二烯，然后用溶剂萃取精馏或共沸精馏法分离异戊二烯的。

我国在20世纪70年代初就开始了裂解C_5馏分综合利用的研究，并建立了工业中试装置，为工程放大积累了必要的数据。90年代初在上海石化建立了30kt/a C_5分离的工业生产装置，经过几次扩建上海石化C_5分离的能力扩大到220kt。近几年来，对C_5馏分的应用研究又有了新的进展，如将裂解馏分在适宜的条件下加氢，保持空速小于$55h^{-1}$，压力2.8MPa，氢油比为15~20，反应器入口温度50~70℃，获得加氢产品的辛烷值(MON)超过80，是优良的汽油调和剂，也可以作裂解原料使用。在石油树脂的生产方面，大庆石油化工总厂采用助催化剂催化聚合，得到了软化点大于90、色相达到四级、活性物质大于60%、透明度高的浅色C_5石油树脂。在分析检测方面，用PEC400/6201(80~100目)离子交换柱分离C_5馏分中的环戊二烯和双环戊二烯等成分，研发了一种可行的、实用的原料分析方法。

1.1 国内外裂解汽油加氢装置生产发展动态

由于裂解汽油中含有二烯烃、烯烃以及硫、氧、氮等有机化合物，需进行加工处理，供后续工业生产中使用。为了除去这些不饱和物质，以前多采用硫酸洗涤法，然而此法的损失大，不经济，劳动条件差，逐渐趋于淘汰。目前广泛使用的是既经济又高效的催化加氢法。

催化加氢法大多为二段流程，经一段处理后虽可以提供没有二烯烃的产品，作为高辛烷值汽油的掺合组分，但经二段处理后则能得到加氢饱和及无硫、氧、氮化合物的芳烃浓缩油，可作为生产高质量的三苯的原料。

在西德拜耳公司首先发展并工业化的高级不饱和碳氢化合物二段加氢法后，美国环球油品(UOP)公司、凯洛格(CONOCO)公司、鲁姆斯(LUMMUS)公司、英国石油公司(BP)、法国石油研究院(IFP)、日本三菱油化公司、西德拜耳－鲁奇公司也先后发表了实现工业化生产裂解汽油二段加氢的工艺流程。

一段加氢法除拜耳－鲁奇等公司采用贵金属低温液相加氢(32～75℃)外，还有一些公司采用 Co－Mo、NiS 作催化剂，反应温度为150～200℃，反应在气相或气液混合相下进行，在此温度下聚合反应难以避免。为解决聚合结焦对催化剂的活性、稳定性的影响及装置的长周期运行，各种工艺技术都自行研究开发了抑制催化剂表面结焦问题的方法。例如 UOP 法将已加氢产物进行循环以降低原料中双烯烃含量；豪德瑞公司的 HPG 法则利用已加氢的重组分作为洗油来降低聚合物的生成。

随着石油化工的不断发展，裂解汽油加氢技术也与乙烯生产技术一样地发展起来了。由加氢、芳烃抽提生产的苯可衍生出250多种产品，主要可用作生产乙苯、苯乙烯、苯酚、环已烷、苯胺、顺丁烯二酸酐等。国外用苯制成新型合成材料聚苯，具有半导体性质，可应用于宇宙航行和特殊化工设备。采用裂解汽油为原料，按二段催化加氢反应后得到不含烯烃的稳定的芳香族油可以用作生产优质芳烃的芳烃抽提装置的原料油。

1.2 汽油加氢过程的化学反应

国内裂解汽油加氢装置工艺流程虽然各不相同，但它们的主要工艺原理是基本相同的。主要是把原料中的 C_5以下和 C_9^+～205℃的组分经过精馏切除，剩下的 C_6～C_8组分经一、二段加氢反应成为饱和烃，并除去其中的杂质，如氧、氮、硫、氯等，从而得到稳定的 C_6～C_8组分，成为符合芳烃抽提的原料。

1.2.1 加成反应

烯烃与氢混合，在常温常压下并不起反应，高温时反应也很慢。但在适当的催化剂作用下，烯烃与氢进行加成反应，生成相应的烷烃，因此称为催化氢化反应，也叫催化加氢反应，是还原反应的一种形式。常用的催化剂为钯、铂、镍等金属。

催化氢化反应的历程一般认为主要通过催化剂表面吸附，使氢分子发生键的断裂生成活泼的氢原子，烯烃的 π 键也被吸附而松弛，这样活化的烯烃与氢原子结合生成烷烃，而后从催化剂表面解析，其过程见图 1－1。

从能量上分析，催化剂的作用在于降低了反应的活化能，加速了反应的进行，如图1－2所示。

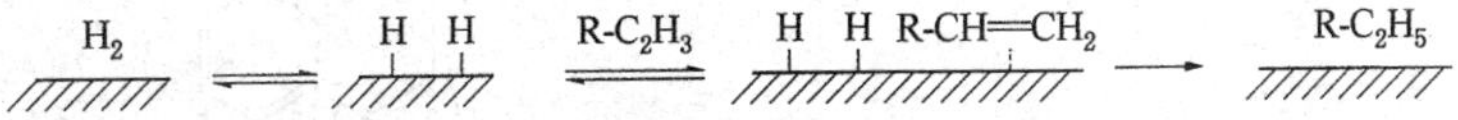

图 1－1　催化剂表面加氢反应示意图

烯烃的加氢反应是一个放热反应，因为在反应过程中生成两个新的碳氢 σ 键所放出的能量，比断裂一个氢氢 σ 键和一个碳碳 π 键所吸收的能量要大。通过键能的估算，一摩尔烯烃打开 π 键加氢饱和时，大约放热 126kJ/mol 左右，称为氢化热。

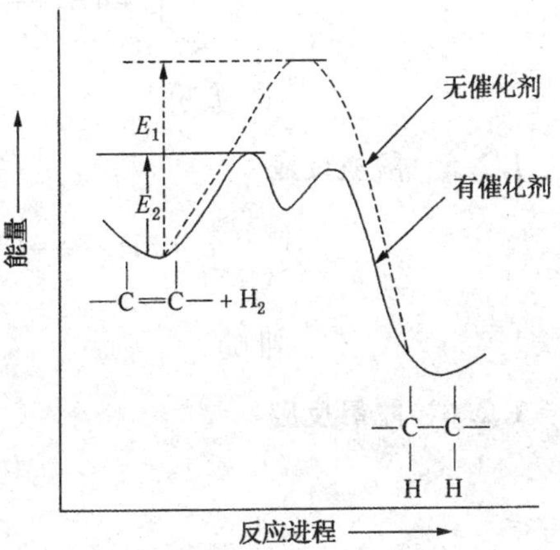

图 1－2　催化剂对加氢反应活化能的影响示意图

在汽油加氢单元常见的加成反应有如下四种：

（1）链状双烯烃的加氢

$$CH_3—CH═CH—CH_2—CH═CH—CH_3 + H_2 \longrightarrow CH_3—CH═CH—CH_2—CH_2—CH_2—CH_3$$

（2）环状双烯烃的加氢

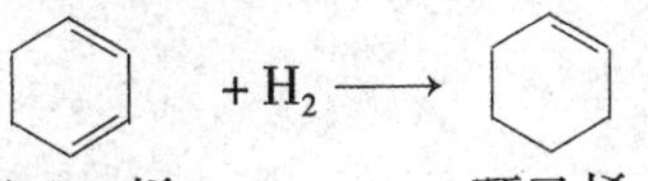

环已二烯　　　环已烯

（3）单烯烃饱和

$$CH_3—CH═CH—CH_2—CH_2—CH_2—CH_3 + H_2 \longrightarrow CH_3—CH_2—CH_2—CH_2—CH_2—CH_2—CH_3$$

（4）苯乙烯加氢

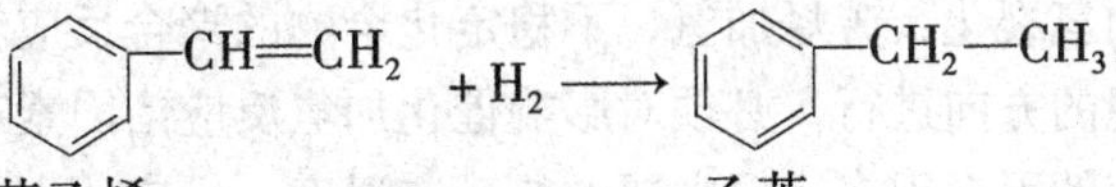

苯乙烯　　　乙苯

1.2.2　取代反应

$$CH_3—CH_2—CH_2—CH_2—CH_2—CH_2Cl + H_2 \longrightarrow CH_3—CH_2—CH_2—CH_2—CH_2—CH_3 + HCl$$

1.2.3　聚合反应

（1）脱氢缩合反应

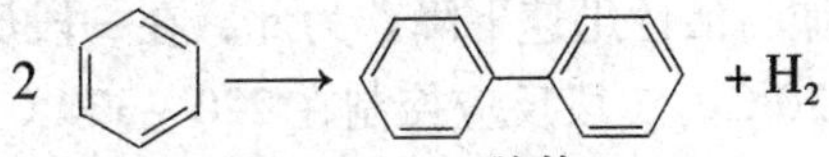

联苯

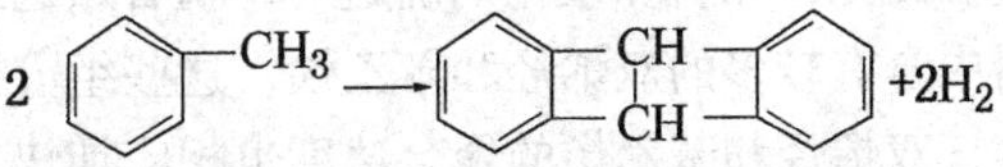

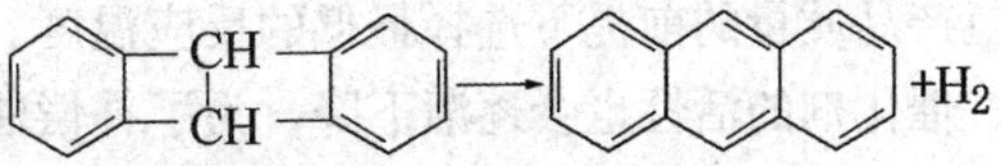

（2）多环、稠环芳烃继续缩合生成焦油直至结焦

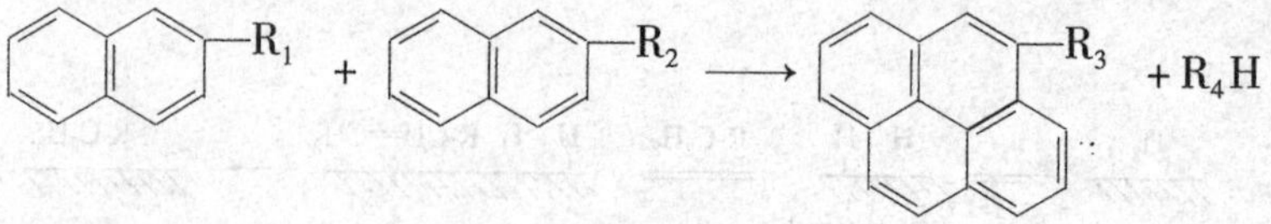

1.2.4 脱硫反应

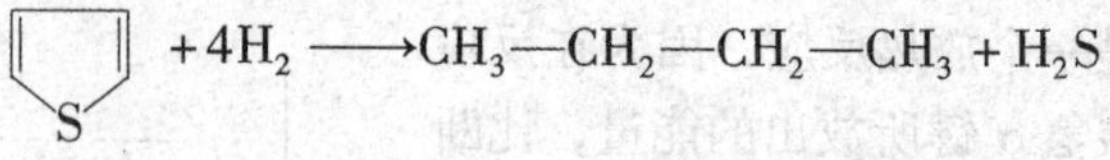

噻吩

1.2.5 脱氮反应

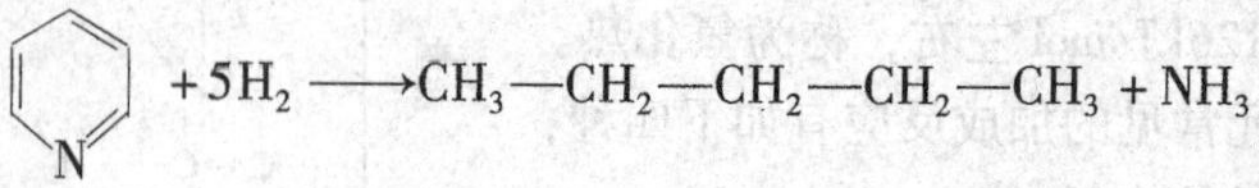

吡啶

1.2.6 脱氧反应

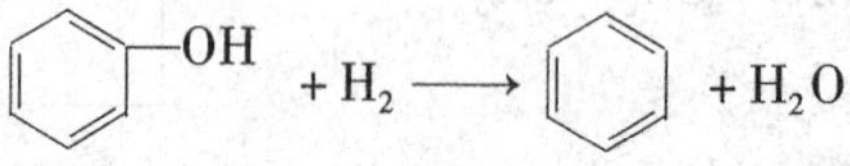

苯酚　　　　苯

1.3 影响汽油加氢反应的因素

裂解汽油是一种由多组分组成的混合物，它的加氢是相当复杂的。裂解汽油加氢的反应，除了烯烃加氢饱和及含有氧、硫、氮、氯等杂质的有机化合物的加氢反应外，还可伴随着很多副反应。例如加氢裂化，芳烃加氢，不稳定化合物的聚合反应等等。为了保证裂解汽油的催化加氢按照预想的方向进行，必须对影响催化加氢反应诸因素有所了解。

影响催化加氢反应的因素很多，但主要的是反应温度、反应压力、空速、氢油比和原料性质等。

1.3.1 反应温度

一般说来，加氢反应是放热反应，降低温度有利于反应向加氢方向进行。而加氢反应速度都是随着温度升高而增加，双烯烃加氢为单烯烃的反应在中等温度下即能进行。单烯烃饱和以及硫、氧、氮等化合物的加氢一般要在260℃以上才能反应，320℃时为最快，超过420℃催化剂表面积炭显著增加，活性迅速下降。为此，在一段反应中采用了高活性催化剂，控制一段适宜的温度为70～120℃，二段反应控制在220～330℃。

从化学平衡的角度说，加氢反应是放热反应，提高反应温度对加氢反应是不利的。但是温度太低，反应速度太慢。因此，原料和催化剂确定后，就必须选择合适的反应温度。在裂解汽油加氢中，因为原料中含有较多的双烯烃和苯乙烯，这些组分极易聚合结焦，影响催化剂的活性。提高反应温度，双烯烃和苯乙烯的聚合速度也相应加快。由此可见，催化加氢的实际操作温度应在保证加氢产品质量的前提下选择最低的反应温度。

随着操作时间的增加，催化剂的活性也会逐渐下降，为了补偿催化剂的活性下降，必须不断提高反应器入口温度。

1.3.2 反应压力

压力是影响裂解汽油加氢反应速度的重要操作参数。增加压力对反应有利，特别是增加氢分压，可有利于平衡向加氢反应方向进行，同时还可以抑制脱氢和裂解等副反应的发生，减少生成焦炭，避免催化剂表面结焦和积炭。加氢过程所需的氢分压应根据原料组成、催化剂的活性、最终产品的质量要求来决定。通常是在较高的氢分压下进行，过剩的氢气循环使用，如一段反应器操作压力为2.65MPa(注：本书所有压力均为表压)，二段反应器操作压力为3.03MPa。

1.3.3 空速

油品在催化剂床层的停留时间，通常用液体空速来表示。空速是表示反应时间长短的一个指标，增加空速就意味着减少反应时间。由于反应时间缩短，反应深度也会降低。

对于某一装置来说，空速大处理能力就大，所以希望采用较大的空速，但空速的提高又受到催化剂性能的限制。空速和反应温度在一定范围内是可以“互补”的，较大的空速可以通过提高反应温度来保持同样的转化率。也就是说，靠加快反应速度来补偿反应时间的缩短。但是反应温度提高，催化剂上的结炭速度加快。因此，正常操作时，空速这个因素是不会轻易改变的。

在一定温度、压力和催化剂的作用下，若空速过低，会促使副反应增多，又降低了反应设备的处理能力，在经济上不合理。若空速过高，则表示物料与催化剂接触时间短，加氢反应不能完全进行，影响产品质量。最佳空速须视有关原料、反应温度、压力及产品质量而定。一段加氢反应的液体空速为$7 \sim 11h^{-1}$(进入反应器原料油量包括循环物料)。

1.3.4 氢油比

在加氢反应中，总气体量(循环氢气加补充氢气)与原料油的比例称氢油比。一般用体积比或分子比来表示。氢油比大，即氢气用量增多，能使反应完全并抑制积炭生成，但循环量相应增加。由于二段加氢反应需要大量过剩氢气作热载体以移走反应热，所以二段加氢反应的氢油比要比一段大。

催化反应是在临氢条件下进行的。提高分压，一般来说会使加氢反应进行得更完全。同时，提高氢分压对于抑制烯烃聚合结焦，控制反应温升都有好处。但是氢油比增大，会增加氢气的循环量，增加动力消耗，实际操作中采用氢油比的大小是根据原料性质和催化剂的要求确定的。

1.3.5 原料性质

对于确定了流程的原料而言，影响加氢反应的主要因素是原料中的杂质含量。因为一段反应器中的主要反应是双烯烃变成单烯烃的反应，而其他反应，包括单烯烃饱和及脱硫、脱氧、脱氮、脱氯等反应都在二段反应器中进行，而且加氢反应都是放热反应。因此，原料中双烯烃含量增加时，一段反应的温升会相应增加，而其他杂质含量增加时，就应考虑温升的变化，以及温升变化时对整个操作的影响。另外，原料中杂质含量的变化也会对催化剂的寿命有一定影响。例如，双烯烃增加，积炭速度加快，会缩短催化剂的再生周期，而砷、铅、水及其他能使催化剂中毒的杂质含量增加则可能会引起催化剂的中毒失活。

1.4 影响精馏系统操作的主要因素

精馏原理就是利用混合液中各组分挥发度的差异，运用多次部分汽化和部分冷凝的方法使混合液分离为纯组分的操作。

精馏塔中塔顶回流量 L 和产出量 D 之比称回流比 R。通常把精馏塔进料板以上的部分称为精馏段，其作用主要是提高气相易挥发组分(轻组分)的浓度。进料板以下部分(包括进料板)称为提馏段，其作用主要是把液相中易挥发组分提取出来，使随釜液带走的轻组分数量减少，从而在塔釜得到合格的产品。

由此可见，混合液中各组分挥发度的差异是精馏分离的基本条件。在精馏塔中通过汽化和冷凝，在每块板上发生传热(蒸气部分冷凝放出潜热使液体部分汽化)及传质(易挥发组分从液相转入气相，难挥发组分从气相转入液相)过程，达到分离的目的。可见精馏的实质是一个热量交换和质量交换的过程。

1.4.1 操作压力

任一个精馏塔都是依据在一恒定的操作压力下的气、液平衡数据进行设计、计算和操作的，操作压力的选择主要根据被处理物料的性质。对于一些沸点高，高温时性质不稳定，易分解、聚合结焦的物料或在常压下相对挥发度较小，有剧毒的物料则常常采用减压精馏。如苯酚精馏、苯乙烯的精馏均采用减压精馏，减压操作降低了物料沸腾温度。如果被分离的混合物在常温常压下是气体或沸点较低，则可以采用加压蒸馏的方法，如氯乙烯的精馏。石油气裂解、深冷分离均采用加压蒸馏。

操作压力的选择还应考虑塔及其他设备的机械性能及造价，塔的耐压性能、操作费用等综合经济指标。当原料常压下是液体时，则一般尽可能地采用常压操作，这样对设备的要求简单，附属设备也少。

操作压力确定后应尽量保持其稳定。压力在小范围内变化，对气液平衡无明显的影响。但大幅度的变化，会破坏精馏正常进行的气液平衡，导致整个操作恶化。

增大塔顶冷凝器中的冷却剂用量和回流比也可以影响塔顶压力。

1.4.2 操作温度

在一定的操作压力下气液平衡的温度与其组成有密切的关系，组成决定气液平衡的温度。组成一定则温度一定，如塔顶、塔底温度。塔顶、塔釜的气液平衡组成就决定了产品的质量，它们所对应的平衡温度，就被确定为塔顶、塔釜的温度指标。当操作压力恒定时，温度也要保持相对的稳定。若温度改变，则产品的质量和产量都相应地发生变化。如塔顶温度升高时，塔顶产品中难挥发组分含量就会增加，虽然塔顶产品产量可以增加，但质量却下降了。又如，塔釜温度升高同样也会使塔顶产品中难挥发组分增加，质量下降。

操作温度是随着压力变化而变化的。在操作压力基本稳定的情况下，蒸馏塔釜中加热蒸汽量、冷凝器中冷却剂量、回流量、釜液面高度、进料等条件的改变均会引起操作温度变化。根据情况的变化做适当地调节可以使操作温度趋于恒定。因此，精馏过程的操作是一个多因素的“综合平衡”过程。而温度的调节在精馏操作中起着最终的质量控制作用。

1.4.3 回流比

从精馏塔引出的气相经全凝后，一部分作为塔顶产品排出，另一部分通过回流装置返回到塔顶，这部分液体称为回流液。液体的回流在精馏操作的过程中是非常必要的，它不仅是蒸气部分冷凝的冷却剂，同时又不断补充塔板上的液体，使精馏操作连续稳定地进行。

在精馏操作中，回流比的大小不仅对精馏塔塔板数和进料位置的设计起着重要的作用，在实际操作中人们也往往用调节回流比来控制产品的质量。

当塔顶馏分中难挥发组分含量增高时，采取加大回流比的方法，增加塔内下降的液体流量，使上升蒸气中难挥发组分冷凝的可能性加大，从而提高塔顶产品的质量。但回流比的增大，将会影响塔顶产品的产量，降低塔的生产能力。所以，回流比不宜无限地增加，而且回流比过大会造成液量过多而导致液泛。

对于内回流塔，回流比可以通过塔顶冷凝器中冷却剂的用量来调节。对于外回流塔，则可以通过控制塔顶产品采出量和塔顶冷凝量等方法来调节回流比。

1.4.4 采出量

(1) 塔顶采出量的影响

精馏塔塔顶采出量的大小和该塔进料量的大小有着对应关系。当进料量不变的条件下，若塔顶采出量增大，则回流比势必减小，引起各塔板上的回流量减少，气液接触不好，传质效率下降。同时，操作压力相应下降，结果是重组分被带至塔顶造成塔顶产品不合格。

(2) 塔釜液采出量的影响

精馏塔釜液采出量的变化同样会影响塔的物料平衡。当进料不变，塔釜液采出量增加时会造成塔釜液面减低，甚至会抽空，使再沸的釜液循环量减少，塔釜温度下降，轻组分进入釜液中，造成塔釜产品不合格。釜液采出量少，将造成塔釜液面过高，甚至出现淹塔现象，增加了釜液循环阻力，同样要影响传热传质效果，使产品不合格。故塔顶塔釜产品的均衡采出是非常重要的。

1.4.5 原料

(1) 进料状态的影响

进料共有五种可能的热状态存在：即过冷液体(温度低于泡点)、饱和液体、饱和气液混合物(温度介于泡点和露点之间)、饱和蒸气、过热蒸气(温度高于露点)。

进料与产品的组成一定时，进料状态对塔板数的影响不大。但对塔板在精馏段和提馏段的分配比例却有明显影响。当进料汽化率(进料中气相量与液相量比值)大时，精馏段需要塔板数多，提馏段相应减少，汽化率小时，则相反。

同理，汽化率大时，若进料位置不变时，要保证产品质量，回流比就要增大，因此冷凝负荷要增加。当回流、进料量一定时，汽化率大，可使再沸器负荷减少；反之，汽化率小，则再沸器负荷增加。

进料的状态如何，直接影响到进料位置，同时又关系到能量合理利用。因此，在选择精馏操作的条件时，应全面地综合考虑，尽可能使其达到最优化。

(2) 进料温度的影响

进料温度的变化对精馏操作是有一定影响的。进料温度降低，将增加塔釜再沸器的热负荷，减少塔顶冷凝器冷负荷。进料温度升高则相反。当进料温度变化的幅度过大时，将会影响全塔的温度分布，从而改变气液平衡。如果进料温度变化到改变了进料状态时，将引起精馏段、提馏段理论板数分配的改变。对于进料状况固定的某一个塔来说，进料状况的改变将会影响到产品质量。

(3) 进料组成的影响

在一定的操作压力下气液平衡的温度与其组成有关，高沸点组分的含量越高，其平衡温度越高。因此，塔进料组成变重，进料口就应该下移。在分馏塔进料口位置不变的情况下，进料组成变重，气液平衡温度升高，必然影响塔的精馏段理论板数，即造成精馏段塔板数减少。此外，也与组分的变化幅度有关，组分变化过大才会有上述情况明显发生。进料组成变重会造成塔顶馏分中重组分含量增加，顶温上升。解决的办法是：加大冷剂量，降低回流温度，加大回流比或进料口下移，以保证分离效果。

如果进料组成中轻组分增加，提馏段塔板数就会显得不够，使釜液中轻组分含量增大。解决的办法是：增加加热蒸汽量，减小回流比或进料口上移，从而保证分离效果。如进料组成变化太大，将使精馏操作破坏。理想的进料温度、进料组成必须与进料板的温度、组成相同，即使有波动，也应控制在产品质量范围内。

(4) 进料量大小的影响

进料量的变化应控制在一定的允许范围。若进料量增加超出了范围，会使上升气流量、釜液采出量大为增加。当塔顶冷凝器和塔釜再沸器热负荷能力不能再承受时，塔顶、塔釜温度将发生变化，从而导致塔顶、塔釜产品组成有较大地改变。如果进料量变化时，再沸器、冷凝器能承受负荷变化，而塔本身结构、尺寸不能承受此负荷变化，将发生漏液、淹塔、液泛、雾沫夹带等不正常现象，其结果使塔的平衡遭到破坏，塔顶、塔釜产品都会不合格。当进料量很小，低于操作下限时，必须加大回流量或以全回流方式进行操作。进料量只有在规定的范围内变化，同时及时调节热、冷剂量和塔顶、塔釜采出量，使顶温釜温不会有明显的改变，才能保持一定的分离效果。

1.5 原料及产品的物化性质与规格

1.5.1 原料性质与规格

1.5.1.1 裂解汽油

原料是乙烯装置(一般使用石脑油、柴油、加氢尾油三种原料)进行裂解时所得到的裂解汽油组成。裂解汽油的组成和性质如表1-1所示。

表1-1 裂解汽油的组成和性质

馏程	C_5~205℃					
密度(15.6℃)	833kg/m^3					
总硫	542mg/kg					
胶质	≤200mg/100ml					
砷	≤200μg/kg					
组成(wt)%	C_4	C_5	C_6	C_7	C_8	C_9^+
二烯烃	0.02	11.76	3.99	2.49	1.48	2.70
烯烃	0.02	3.40	0.92	0.68	0.41	5.43
饱和烃	0.01	0.79	0.31	0.67	0.35	0.82
芳烃	—	—	31.62	18.57	8.65	1.33
苯乙烯	—	—	—	—	2.72	—

1.5.1.2 氢气

汽油加氢装置使用氢气一般来源于乙烯装置的湿富氢气(含氢量在70%以上叫富气，含饱和水的氢气叫湿氢气)，其技术规格见表1-2。

1.5.2 加氢汽油产品性质与规格

1.5.2.1 物理性质

加氢汽油系无色有刺激性气味的液体，30℃时外观光亮透明，主要组成为苯、甲苯、二甲苯等组分。

表1-2　湿富氢气技术规格

压力/MPa	≥2.8
温度/℃	≤40
组成/mol%	
H_2	≥95
CH_4	≤5
CO 与 CO_2	$\leq 1\times10^{-5}$
H_2O	在送出条件下饱和

1.5.2.2　化学性质

分子式：C_6H_6、C_7H_8、C_8H_{10}

结构式：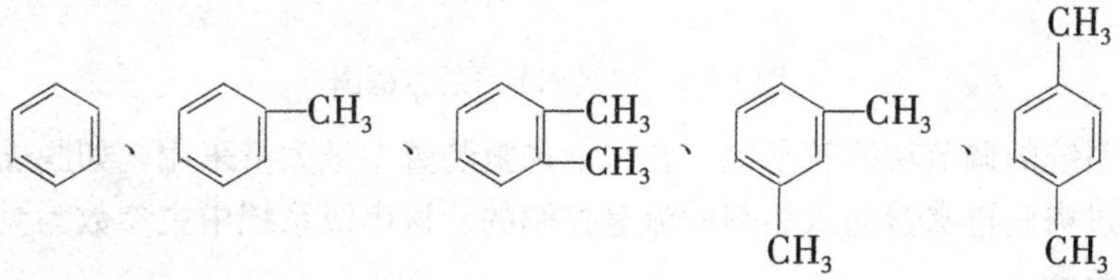

加氢裂解汽油中含有大量芳烃物质，其中苯、甲苯、二甲苯是主要的基本有机化工原料，在适当条件下，能发生多种化学反应，主要有

烷基化反应 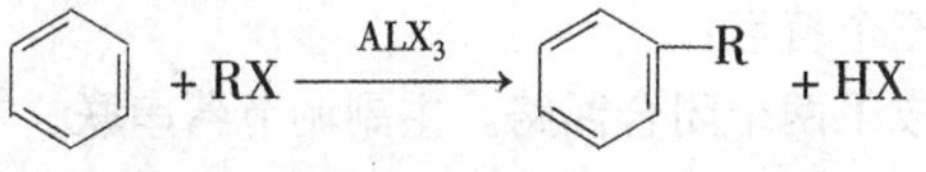

氧化反应 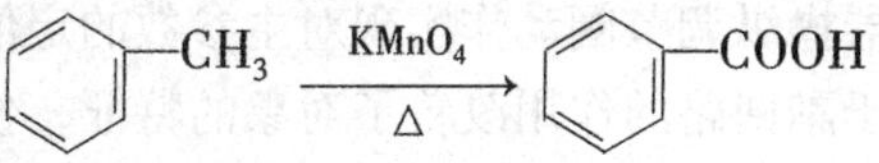

加成反应 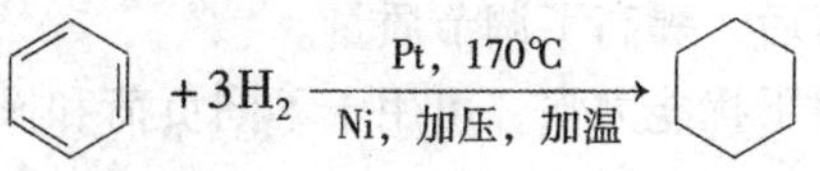

磺化反应 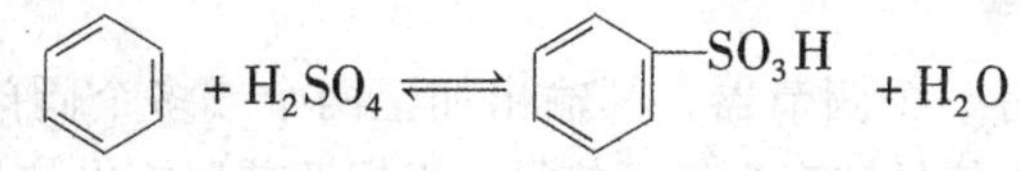

1.5.2.3　产品性质与规格

表1-3　加氢汽油产品的组成和性质

溴 指 数	mgBr/100g	≤500	估计组成	(wt)%
二烯烃	gl/100g	≤0.2	C_5	0.45
水		无游离子	苯	43.6
砷	μg/kg	≤5	甲苯	25.8
硫	mg/kg	≤1	乙苯	6.3
C_5	kg/kg	≤0.015	邻二甲苯	2.55
C_9^+	kg/kg	≤0.015	间二甲苯	4.7
重金属		无	对二甲苯	1.8
外观		透明、清净	C_9^+	0.2
密度	kg/m^3	848.41	$C_6\sim C_8$ 非芳烃	14.6

注：表中数据来源于“中心馏分汽油加氢典型装置三”。

1.6 装置自动控制及联锁

1.6.1 本装置采用的自动调节的类型及特点

1.6.1.1 串级调节

采用主、副两个调节器串联工作，主调节器的输出作为副调节器的给定值，由副调节器操纵阀门动作，这样的结构系统称为串级调节系统，其方框图见图1-3。

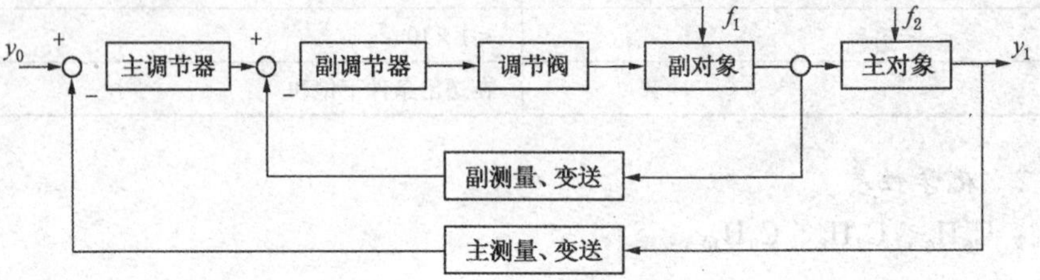

图1-3 串级调节系统方框图

串级调节系统的调节功能较平稳，在汽油加氢装置中被大量采用，如脱戊烷塔灵敏板温度的控制是通过塔底再沸器通入热剂的流量控制的，该串级系统中主参数为灵敏板温度，副参数为热剂的流量。

串级调节系统的主回路是一个定值调节系统，副回路是个随动调节系统，主调节器根据负荷和操作的变化，不断调整副调节器的给定值，使副回路自动适应不同负荷和操作条件。

串级调节系统有以下三个特点：

(1) 在系统结构上组成了两个闭合回路。主副调节器串联，主调节器的输出作为副调节器的给定。系统通过副调节器操纵调节阀动作实现对主参数的定值调节。

(2) 在系统特征上，由于副回路的作用改善了对象的特征，使调节过程反应加快，且有超前调节作用，从而有效地克服了滞后，提高了调节质量。

(3) 主副调节器协同工作，克服干扰能力强，可用于不同负荷和操作条件变化的场合。

1.6.1.2 分程调节

分程调节系统只有一个调节器，其输出加至两个或多个阀门(同向或反向)定位器上，各定位器将调节器的电信号转变为气压信号。根据调节器输出信号的不同量程范围，去驱动2~3个调节阀动作。

分程调节的目的是改善调节系统的本质，扩大调节阀的可调节范围，使系统更为合理可靠，又可满足工艺操作的特殊要求。

其阀的动作情况有以下两种类型：

(1) 调节阀分程同向动作，见图1-4。

(2) 调节阀分程异向动作，见图1-5

1.6.1.3 均匀调节

均匀调节的目的是为了使前后设备在物料供求上互相均匀协调，统筹兼顾。均匀调节的方案分为单回路均匀调节、串级均匀调节和双冲程均匀调节。其特点是表征前后供求矛盾的两大参数都是变化的，且变化缓慢。前后相互联系又互相矛盾的两个参数应保持在所允许的范围内波动，避免对后工序产生较大的影响。

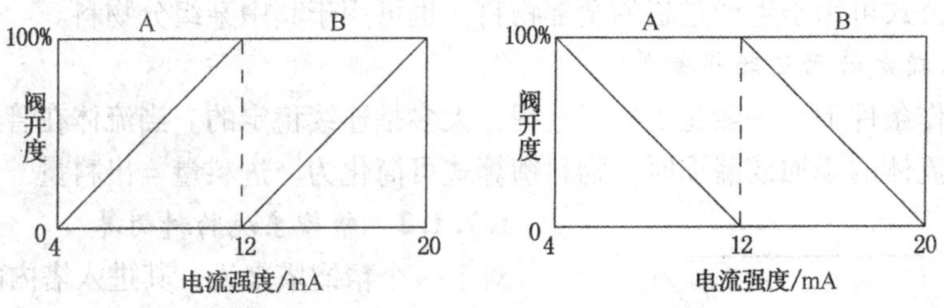

图 1－4　调节阀分程同向动作示意图

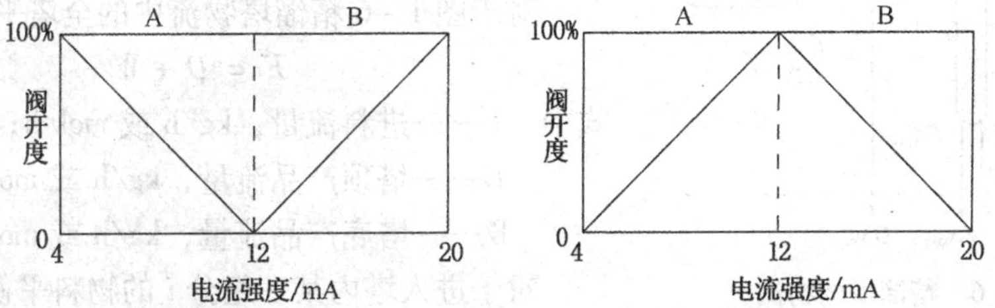

图 1－5　调节阀分程异向动作示意图

1.6.2　主要工艺联锁

工艺仪表联锁设置的目的是在生产操作异常状态下，可以及时有效地保护生产运行中的设备、管道、催化剂等的安全，防止设备损坏及意外人身事故发生。。汽油加氢装置的主要工艺联锁集中在循环氢压缩机与加热炉系统，由于技术提供商不同，各装置的联锁设置也不尽相同，现将其主要联锁列举如下，以供参考。

1.6.2.1　循环氢压缩机联锁

（1）离心式浮环密封氢压机的主要联锁有：压缩机的吸入罐高液位联锁；润滑油总管低压联锁；密封油高位槽低液位联锁；压缩机出口低流量联锁；压缩机出口高温联锁；透平轴位移联锁；压缩机轴位移联锁；透平超速联锁等。

（2）离心式干气密封氢压机的主要联锁有：压缩机的吸入罐高液位联锁；润滑油总管低压联锁；压缩机出口低流量联锁；压缩机出口高温联锁；压缩机轴承高温联锁；透平轴振动联锁；压缩机轴振动联锁；透平轴位移联锁；压缩机轴位移联锁；透平超速联锁；干气密封泄漏气高流量联锁等。

（3）往复式氢压机的主要联锁有：吸入罐高液位联锁；润滑油低压联锁；压缩机出口高温联锁；压缩机吸入低压联锁；夹套冷却水低温联锁等。

1.6.2.2　加热炉联锁

加热炉主要联锁有：燃料气低压联锁；加热炉出口高温联锁；循环氢压缩机停车联锁停炉。

1.7　物料衡算与能量衡算

1.7.1　物料衡算

物料衡算是计算化工过程所处理的物料量(原料量、半成品量、成品量及副产物料量等)之间的关系。基于质量守恒定律，物料的质量通过加工过程是不会增加或减少的。所以，物料衡算的基本关系式为　进料量－出料量＝积累量

注：上述公式可用于生产过程的全部物料，也可用于其中某组分物料。

1.7.1.1　稳定流动的物料衡算

在正常操作条件下，一般化工生产过程，大多是连续稳定的。当流体在管道中作稳定流动，其间并无流体的添加或漏损时，物料衡算式可简化为　进料量 = 出料量

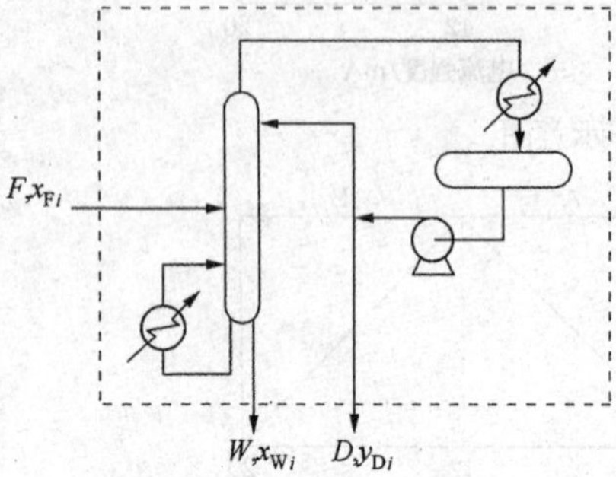

图1-6　精馏塔的物流

1.7.1.2　精馏系统物料衡算

对于一个精馏塔来说，其进入塔内的物料量等于塔顶与塔底采出产品量的总和。

对于图1-6精馏塔物流中的全塔平衡为：

$$F = D + W \quad ①$$

式中　F——进料流量，kg/h 或 mol/h；

D——塔顶产品流量，kg/h 或 mol/h；

W——塔底产品流量，kg/h 或 mol/h。

对于进入塔内某一组分 i 的物料平衡为

$$Fx_{Fi} = Wx_{Wi} + Dy_{Di} \quad ②$$

式中　x_{Fi}——进料中 i 组分占进料量的百分数；

x_{Wi}——塔釜中 i 组分占塔底产品的百分数；

y_{Di}——塔顶 i 组分占塔顶产品的百分数。

如果进料量及进料、塔顶、塔底产品的某一组分的含量为已知，则将①、②两式联立求解，则可得出塔顶产品及塔底产品的量，即

$$\begin{cases} F = D + W \\ Fx_{Fi} = Dy_{Di} + Wx_{Wi} \end{cases} \Rightarrow \begin{cases} D = \dfrac{x_{Wi} - x_{Fi}}{x_{Wi} - y_{Di}}F \\ W = \dfrac{x_{Wi} - y_{Di}}{x_{Wi} - y_{Di}}F \end{cases}$$

1.7.2　能量衡算

要了解流体流动过程所发生的各种形式的能量之间转变的关系，就需要进行能量衡算。根据能量守恒定律，能量是不能自行产生，也不会自行消灭，能量只能从一种形式转变为另一种形式，但总的能量是不会减少或者增加的。

1.7.2.1　流体流动的总能量衡算

流体流入衡算系统时所带入能量有位能、动能、压力能(静压能)。

(1) 位能 $= mgZ_1$ 即位置高出基准水平面 Z_1(m)的 m(kg)流体所具有的位能，相当于将 m(kg)流体由基准水平面提高到 Z_1(m)的高度克服重力所需作的功。位能为流体在重力作用下，因高出某基准面而具有的能量。

(2) 动能 $= \frac{1}{2}mu_1^2$ 即流速为 u_1(m/s)，质量为 m(kg)的流体所具有的动能。动能是在流体流动时，因有一定流速所具有的能量。

(3) 压力能 $= p_1v_1$　即体积为 v_1(m^3)，液面处具有压力为 p_1(N/m^2)的不可压缩流体所具有的压力能。在静止流体内部，任一点都有一定的静压力存在。同样，在流动着的流体内部，任一处也有一定的静压力存在。流体所具有的这种能量称为压力能(静压能)或流动功。

(4) 流体流动的总能量

以上三项为流体进入系统所带入的能量，表示为

$$mgZ_1 + \frac{1}{2}mu_1^2 + p_1v_1$$

同样，流体流出系统时所带有的能量为

$$mgZ_2 + \frac{1}{2}mu_2^2 + p_2v_2$$

由于系统内部可能还存在其他供能或耗能设备，如以每公斤流体通过系统所获得的能量为 Q_0(J/kg)，同时流体通过系统所消耗的能量为 W(J/kg)。根据能量守恒定律，m(kg)流体流入系统时所具有的能量，加上在系统内所获得的能量，应等于流体流出系统时所具有的能量，加上在系统内所消耗的能量，即

$$mgZ_1 + \frac{1}{2}mu_1^2 + p_1v_1 + mQ_0 = mgZ_2 + \frac{1}{2}mu_2^2 + p_2v_2 + mW$$

将上述公式各项均除以 m，且因 $v/m = \frac{1}{\rho} = V(\mathrm{m^3/kg})$(比容)，则得

$$gZ_1 + \frac{u_1^2}{2} + p_1V_1 + Q_0 = gZ_2 + \frac{u_2^2}{2} + p_2V_2 + W$$

此式即为单位质量流体稳定流动过程的总能量衡算式，也是流动系统的热力学第一定律表达式。此方程所包括的能量项目比较多，但这些项目并不是在任何情况下都需要全部加以考虑。根据具体情况，进行具体分析，有时可将某种能量忽略不计，使方程得到简化。

1.7.2.2 流体流动的机械能量衡算式

流体在管道内流动时，由于流体的内摩擦作用，不可避免地要消耗一部分机械能。根据能量守恒定律，能量是不会自行消失的，只能从一种形式转变为另一种形式。所以，这部分消耗了的机械能一般都转变为热能，致使流体的温度略微升高，使系统的内能略有增加，而不能直接用于流体的输送。从工程实用的观点来衡量，这部分未利用的机械能是“损失”掉了。因此，可将上述的能量衡算式变换为更方便适用的形式。

对于不可压缩流体，比容 V 或密度为常数，与压力无关。又假设流体为理想流体，即流动时不产生摩擦的流体。则流体稳定流动的总能量衡算式可简化为柏努利方程，即

$$gZ_1 + \frac{u_1^2}{2} + \frac{p_1}{\rho} = gZ_2 + \frac{u_2^2}{2} + \frac{p_2}{\rho}$$

1.7.3 反应系统的空速

流体空间速度一般用 $LHSV$ 表示，单位为 $\mathrm{h^{-1}}$。以表示通过反应器每立方米催化剂所处理的原料油量，用 $\mathrm{m^3/h}$ 来表示。也就是催化剂负载的过酷度(超负度)的指标，即

$$LHSV = \frac{\text{进入反应器原料油量}(\mathrm{m^3/h})}{\text{催化剂填充量}(\mathrm{m^3})}$$

1.7.4 反应系统的转化率

转化率表示参加反应的原料数量占进入反应器原料数量的百分率，它说明原料的转化程度。转化率愈大，参加反应的原料愈多。当进入反应器的原料是新鲜原料或和循环物料的混合物时，则计算得到的转化率称为单程转化率，即

$$\text{转化率} = \frac{\text{参加反应的原料量}}{\text{通入反应器的原料量}} \times 100\%$$

$$\text{参加反应的原料量} = \text{通入反应器的原料量} - \text{未反应的原料量}$$

第2章　工艺流程及技术特点

2.1　汽油加氢的典型装置

2.1.1　中心馏分汽油加氢典型装置

2.1.1.1　典型装置(一)

如图2－1所示，C_5～200℃裂解汽油进入预分馏塔，在该塔顶与塔釜分别分离出C_5馏分与C_9^+的馏分，在该塔侧线分离出的C_6～C_8馏分进入裂解汽油一段和二段加氢反应器中反应加氢。最后加氢产物进入硫化氢气提塔，塔顶气提出硫化氢，塔釜采出加氢汽油产品。

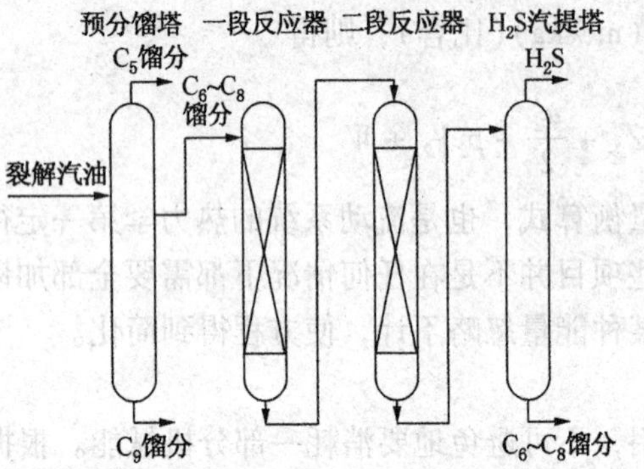

图2－1　汽油加氢装置(一)简易流程图

2.1.1.2　典型装置(二)

如图2－2所示，C_5馏分在脱戊烷塔中从C_5～200℃裂解汽油中分离出来，剩余的C_6～200℃的馏分在裂解汽油一段和二段加氢反应器中反应加氢，第二段液相产物在BTX塔中被分割成C_6～C_8产品和C_9^+产品。

2.1.1.3　典型装置(三)

如图2－3所示，C_5馏分在脱戊烷塔顶从C_5～200℃裂解汽油中分离出来，塔釜采出的馏分进入BTX塔在塔底分离出C_9^+馏分，剩余的C_6～C_8馏分在裂解汽油一段和二段加氢反应器中反应加氢。最后加氢产物进入硫化氢气提塔，塔顶气提出硫化氢，塔釜采出加氢汽油产品。

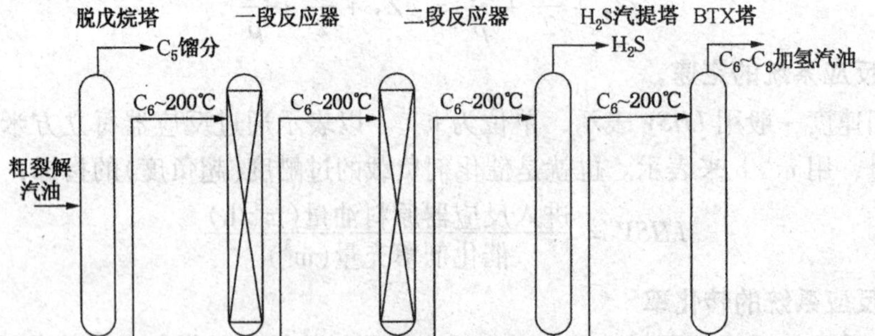

图2－2　汽油加氢装置(二)简易流程图

2.1.2　全馏分汽油加氢典型装置

2.1.2.1　典型装置(四)

如图2－4所示，裂解汽油在一段反应器中进行加氢反应，其反应产物进入脱戊烷塔在塔顶分离出C_5产品，塔釜的C_6～C_9^+馏分进入二段加氢反应器进行加氢反应，其反应产物先

进入稳定塔脱出 H_2S，然后再进入 BTX 塔分割成 $C_6 \sim C_8$ 产品和 C_9^+ 产品。

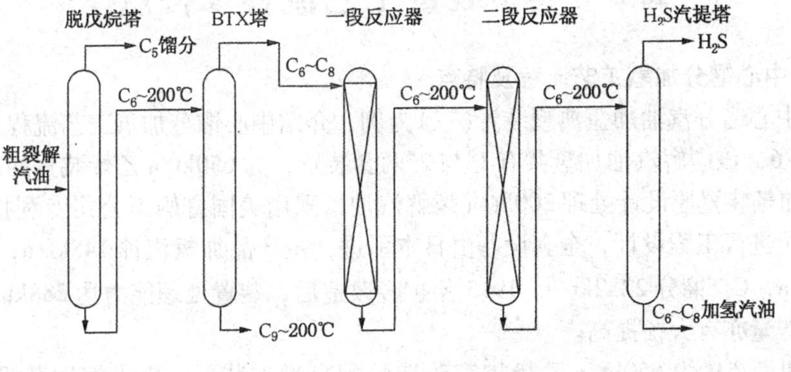

图 2-3　汽油加氢装置(三)简易流程图

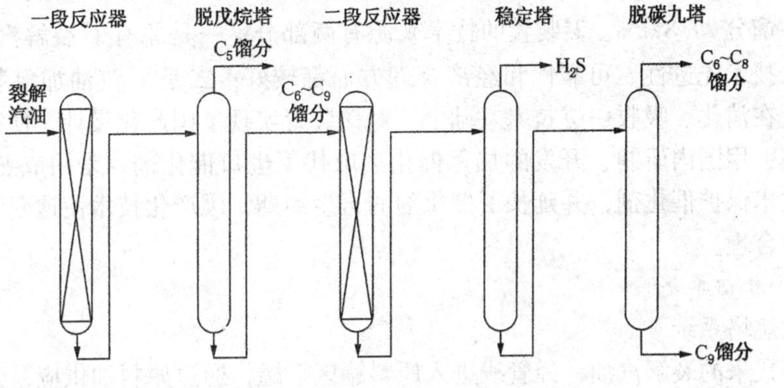

图 2-4　汽油加氢装置(四)简易流程图

2.1.2.2　典型装置(五)

如图 2-5 所示，$C_5 \sim 200$℃裂解汽油在裂解汽油一段反应器中反应，反应产物进入稳定塔，塔顶气相主要包括 C_4以下组分和不凝气。稳定塔塔釜物料进入 BTX 塔，在 BTX 塔中塔釜分离出 C_9^+ 产品，塔顶 $C_5 \sim C_8$组分进入二段加氢反应器进行加氢反应，其反应产物最后进入脱戊烷塔分割成 $C_6 \sim C_8$产品和 C_5产品。

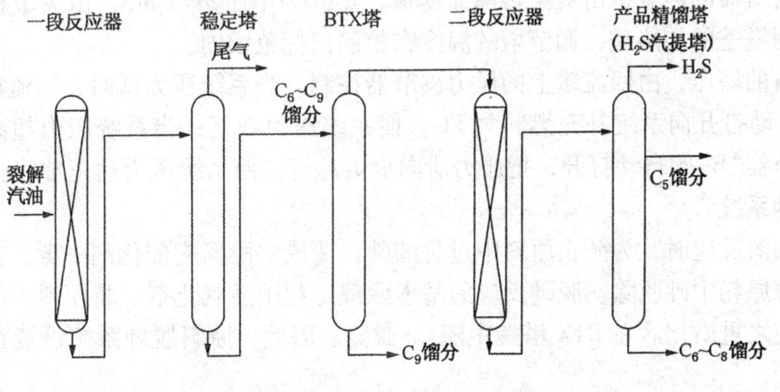

图 2-5　汽油加氢装置(五)简易流程图

注：各典型装置均参照国内石化装置

2.2 典型装置工艺流程及特点

2.2.1 中心馏分加氢工艺流程及特点

以下以中心馏分汽油加氢典型装置(三)为例，介绍中心馏分加氢工艺流程及特点。

如图2-6，该裂解汽油加氢共有1#与2#两套装置，为650kt/a乙烯装置的配套装置。

1#汽油加氢装置原设计处理200kt/a裂解汽油，采用美国鲁姆斯公司专利技术，由日本东洋工程公司进行工程设计，全套设备由日本引进，主产品加氢汽油148kt/a，副产品C_5馏分为35.2kt/a，C_9^+馏分22.2kt/a。1995年扩容改造后，装置处理能力达288kt/a裂解汽油，各主副产品产量亦有大幅提高。

2#汽油加氢装置为650kt/a乙烯扩容改造的配套增加装置，由上海医药设计院承担设计。装置年设计处理200kt裂解汽油，主产品加氢汽油产品136.8kt/a，副产品C_5馏分为35.7kt/a，C_9^+馏分27.8kt/a。2#装置的技术来源有两部分：一是原有1#裂解汽油加氢装置，该装置无论在技术先进性、可靠性和经济合理方面都较好；二是1#汽油加氢装置的历次成功改造经验，在消化、吸收引进技术基础上，对该装置实现了国产化设计，使得装置的处理能力大为提高，用国内研制、开发的加氢催化剂取代了进口催化剂，采用成熟的CHP氧化法脱砷工艺技术保护催化剂，并延长了催化剂的再生周期，国产化技术使这套装置的设计更先进、可靠、合理。

2.2.1.1 精馏单元

(1) 脱戊烷塔系统

从乙烯装置来的裂解汽油，经管线进入原料罐区贮罐，通过原料油供应泵升压后送至脱戊烷塔。此外，也可直接将裂解汽油送至脱戊烷塔。

裂解汽油通过流量调节器调节流量，供给脱戊烷塔。脱戊烷塔的塔顶气相馏分，即C_5(碳五全馏分)和比其蒸气压高的轻质馏分，在脱戊烷塔塔顶冷凝器里被冷却水冷凝，进入脱戊烷塔回流罐。冷凝液经脱戊烷塔回流泵升压后，一部分冷凝液作为回流返回到塔顶，另一部分冷凝液用脱戊烷塔回流罐的液位调节器控制流量，送往C_5贮罐。塔釜液用液位调节器控制流量，用塔釜出料泵升压，送到脱砷系统。

脱戊烷塔所需的热量，由塔釜再沸器提供，热源为中压蒸汽MS，由灵敏板温度及蒸汽流量串级控制塔釜的加热量，调节塔的温度在控制指标范围内。

脱戊烷塔的塔压，由回流罐上的压力调节器控制。当系统压力低时，回流罐上的压力调节器“A”阀自动打开向系统补充燃料气FG，使系统压力恢复；当系统压力超高时，回流罐上的压力调节器“B”阀自动打开，把压力泄向火炬总管，使系统压力达正常值。

(2) 脱砷系统

在进行加氢反应时，为防止原料中过量的砷，造成一段反应催化剂中毒，在进行加氢反应之前，需将原料中砷脱除。脱砷反应的基本原理是利用强氧化剂，将原料中的三价砷氧化为五价砷，使之重质化后在BTX塔釜中随C_9脱除。因此，原料脱砷系统设置在脱戊烷塔与BTX塔之间。

使用的脱砷剂为过氧化氢异丙苯(简称CHP)，使用前由槽车运至装置区，装入贮罐。

脱砷原理：$As^{3+} + CHP = As^{5+}$

过氧化氢异丙苯由注入泵升压后，进入脱砷反应器进料混合器。同时，脱戊烷塔塔釜出

1#加氢简易流程图

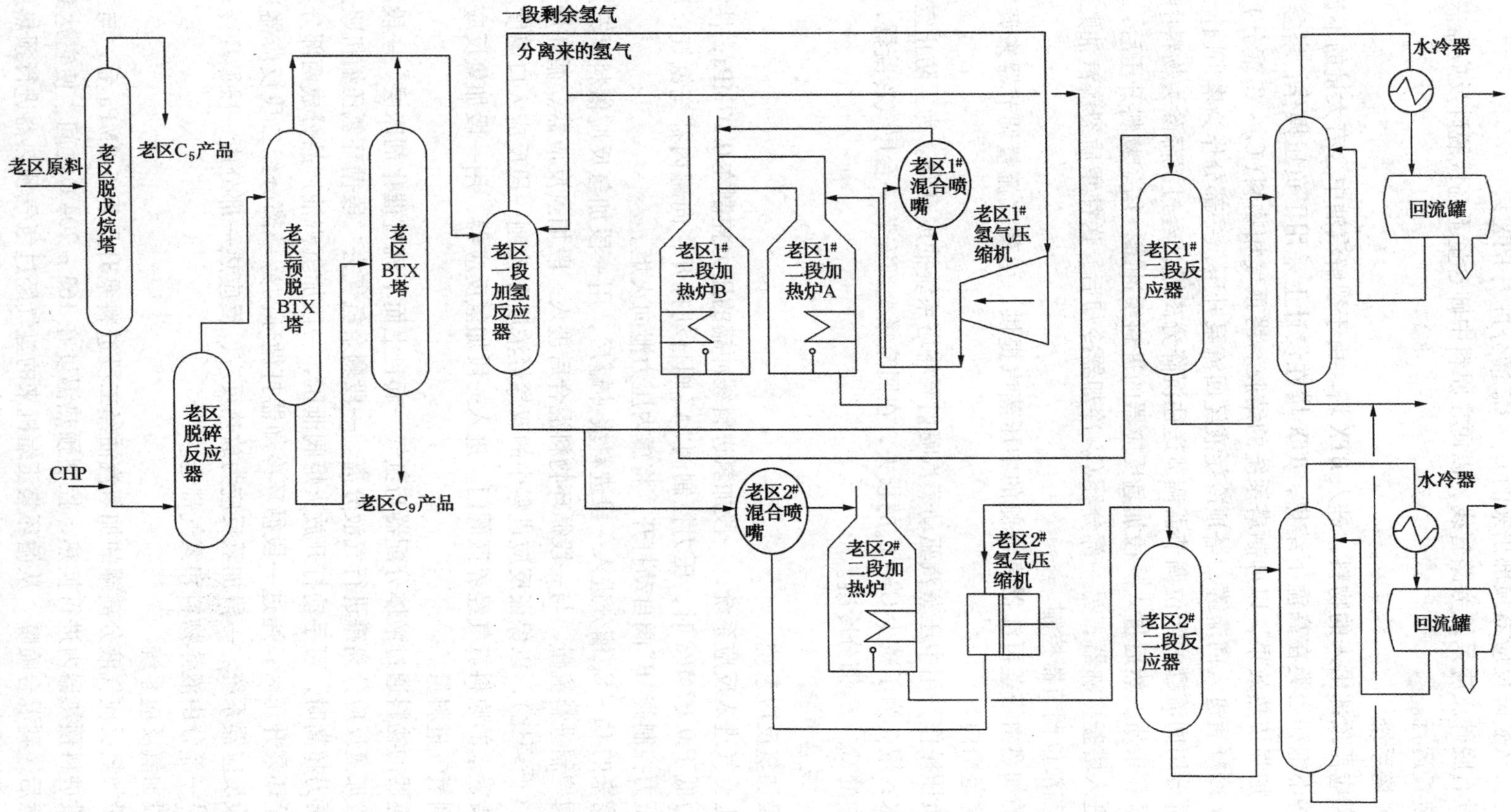

图2－6　某企业裂解汽油加氢装置流程图

料($C_6 \sim C_9^+$馏分)由塔釜采出泵升压后，进入混合器与CHP混合，然后送入脱砷反应器，反应温度为132℃，压力为0.32MPa。物料从脱砷反应器底部进入，自下而上经过七层折流板进行氧化反应。从脱砷反应器顶部出来的$C_6 \sim C_9^+$馏分进入BTX塔。

该系统设有脱砷反应系统旁路管线，以便在原料中砷含量不高或脱砷反应器需要切出检修时，保持装置运行。

(3) BTX塔系统

从脱砷反应器顶部出来的物料，进入BTX塔。由于裂解汽油中含有大量的不饱和烃类，为了减少这些不饱和烃类在高温下结焦，BTX塔在设计上采用了负压操作，塔釜再沸器采取强制循环，加强传热效果，以抑制塔系统的结胶。塔顶气相物料($C_6 \sim C_8$馏分)经塔顶冷凝器用冷却水冷凝后进入回流罐，塔顶冷凝液经回流泵升压，一部分作为塔顶回流液返回至塔顶，另一部分用回流罐的液位调节器调节送往沉降分离罐，经过沉降除去物料中的水分并经过滤除去颗粒杂质，然后进入一段加氢反应器的进料缓冲罐。塔釜物料升压后，绝大部分作为循环液进入塔釜再沸器；另一部分经C_9^+冷却器冷却后，送往重质裂解汽油贮罐，采出量由BTX塔釜液位调节器控制。

BTX塔的加热由塔釜再沸器壳体侧的中压蒸汽提供，由蒸汽流量调节器来调节塔的温度控制在正常范围内。

该塔为负压操作，用中压蒸汽驱动蒸汽喷射泵将塔系统抽成真空。为了防止空气进入该系统，设有水封罐。为了减少$C_6 \sim C_8$的损失，在回流罐上部安装一台尾气冷凝器，用2℃级丙烯将尾气中的$C_6 \sim C_8$馏分冷凝。

2.2.1.2 反应单元

(1) 一段加氢反应系统

为了防止空气进入反应系统，一段加氢进料缓冲罐的压力控制在0.07MPa，使它处于氮封状态。压力低于0.07MPa时，压力控制阀“A”阀自动打开，向罐内补充氮气；压力高于设定值时，压力控制阀“B”阀自动打开，将罐内压力泄向火炬。

由预分馏来的$C_6 \sim C_8$馏分进入一段进料缓冲罐后，用一段加氢反应供料泵升压，用一段进料调节阀控制进料流量，与一段循环物料混合后进入一段加氢反应器。循环量与进料量的比例为3:1(循环比)，以保证反应进料中的双烯烃浓度和控制一段反应入口温度。

从乙烯装置来的原料氢气经界区阀门，进入一段加氢反应器，用一段加氢反应器的压力调节器来控制氢气进料量。

进入反应器的物料通过液体分配器与氢气一起自上而下流过催化剂床层。一段加氢反应的产物去一段加氢反应分离罐进行气液分离。一段剩余氢气去二段循环氢压缩机吸入罐，当一段反应器压力超高时，可手动打开放火炬阀泄压。一段加氢汽油产品分成两部分：一部分经一段反应循环泵升压后，通过一段循环冷却器打循环；另一部分经二段反应器进料泵升压，送往二段反应器系统。一段加氢反应为放热反应，反应热一部分由一段循环冷却器的冷却水带走，另一部分由液体物料和氢气带走。

(2) 二段加氢反应系统

来自一段加氢反应气液分离罐的加氢汽油经二段进料泵升压至5.2MPa后，与二段反应器出料在二段进料预热器内进行换热，控制预热温度在163～204℃之间，使它达到一个给定的温度，然后送到混合喷嘴。从循环氢压缩机来的氢气经过氢气预热器进行预热后，进入二段加热炉“A”炉管，加热至204℃后送入混合喷嘴。液相物料在混合喷嘴中喷散成雾状，被加热的氢气流加热汽化并过热。汽化的物料、补充氢和循环氢等混合后进入二段加热炉“B”炉管的对流段和辐射段进一步加热。分别调节“A”炉与“B”炉的燃料气供应量，使物料达到二段反应器设定的温度270～300℃，然后送到二段加氢反应器，进行二段加氢反应。加热后的物料和氢气从反应器上部进料，通过催化剂床层，在该反应器内进行单烯烃加氢转化成饱和烃，以及把有机硫、氧、氮化合物转化成无机硫、氧、氮化合物的反应。

从二段加氢反应器出来的物料，通过氢气预热器、二段进料预热器、硫化氢汽提塔塔釜再沸器，进行热交换后进入二段出口水冷器用水冷凝至44℃，然后进入高压闪蒸罐。在高压闪蒸罐中混合物进行气液分离，大部分循环氢和一段加氢反应气液分离罐来的剩余氢混合后进入循环氢压缩机吸入罐。剩余的循环氢由高压闪蒸罐的流量调节器控制，与从硫化氢汽提塔来的 H_2S 等尾气混合后共同送往燃料气系统或乙烯装置裂解气压缩机的第三段吸入罐。高压闪蒸罐底部出来的加氢汽油用高压闪蒸罐的液位调节器调节并减压，在硫化氢汽提塔进料预热器内经该塔釜出料预热后，送入硫化氢汽提塔。

2.2.1.3 硫化氢汽提单元

从硫化氢汽提塔进料预热器过来的物料进入硫化氢汽提塔，该塔顶馏分经塔顶冷凝器部分冷凝，冷凝下的液体进行全回流。未冷凝下的 H_2S 等轻组分在塔顶压力控制器的控制下，与高压闪蒸罐的尾气混合后共同送往燃料气系统或乙烯装置裂解气压缩机的第三段吸入罐。该塔的操作压力控制在0.6MPa，塔釜压力为0.64MPa。

硫化氢汽提塔的热源由两处提供：一处是二段反应器出口物料的剩余热；另一处是中压蒸汽。用进入塔底再沸器的蒸汽来作为补充热源，塔釜馏分经过进料预热器换热后，再经产品冷却器进一步冷却到常温，最后用硫化氢汽提塔釜液位调节器控制，作为加氢成品汽油送往成品罐。

2.2.2 全馏分加氢工艺流程及特点

以下分别以全馏分汽油加氢典型装置(四)与全馏分汽油加氢典型装置(五)为例，介绍两种不同的全馏分加氢工艺流程。

2.2.2.1 全馏分汽油加氢典型装置(四)的流程与特点

某裂解汽油加氢装置是600kt/a乙烯装置的配套装置，采用德国BASF公司的专利技术。该装置包括下列四个工艺单元：裂解汽油一段加氢；脱戊烷塔系统；裂解汽油二段加氢；稳定塔、BTX塔系统和污油及排放系统。

装置年处理能力为551.56kt裂解汽油，主产 C_6～C_8 加氢汽油产品360.784kt/a，副产品 C_5 馏分为83.041kt/a，C_9^+ 馏分72.385kt/a，副产冲洗油能力可达28.8kt/a。年操作时间为8000h。

(1) 一段加氢反应单元

未经加氢处理的液相裂解汽油经一段加氢进料过滤器过滤掉固体杂质颗粒，通过质量流量计计量后，进入一段加氢反应器进料缓冲罐，如果原料裂解汽油中含有游离态的水，可在沉降罐底部的水包中被分离出来。

进料缓冲罐的压力由分程控制在0.14MPa，进入进料罐中的物料通过一段加氢进料泵加压后送至一段加氢反应器的顶部，和经过选择性加氢的一段出口汽油循环物料混合后，进入一段加氢反应器。

为了保证一段加氢反应器进料罐的液位，用液位调节器和一段加氢进料泵出口裂解汽油流量串级控制。

从界区外来的氢气经过氢气增压机加压后达到反应器入口所需要的压力，运行初期为3.2MPa，运行末期为3.8MPa。

合格的氢气和裂解汽油以一定的比例在一段加氢反应器顶部混合后进入一段加氢反应器。

一段氢气压缩机出口氢气流量（一段加氢反应器的氢气进料量）是通过控制压缩机出口经循环冷却器返回吸入侧的氢气流量来调节的。

液相裂解汽油与氢气按一定的氢油比混合后以滴流型的方式通过一段加氢反应器催化剂的床层，在催化剂床层上发生二烯烃和带链烯烃的芳香烃的加氢反应。由于放热催化剂床层会出现温升，在催化剂床层下方、反应器的底部分离罐，不溶解的气相组分和多余的未反应的剩余氢从液相中分离出来，并进入一段加氢反应器出口尾气冷却器中，用水冷却或冷凝，未凝的气相由反应器压力控制器调节系统压力后送至界区，而凝液返回到一段加氢反应器的底部分离罐。紧急情况下可以通过手动泄压阀紧急排放火炬。

从一段加氢反应器底部分离罐出来的物料，用一段反应器循环泵加压后经一段加氢产品过滤器过滤掉固体杂质颗粒后，分成两股：一股物料在流量控制器的控制下送至预分馏单元作进一步的处理；另一股作为一段加氢反应器的循环物料，控制其循环流量，经循环冷却器用水冷却后作为循环液与原料裂解汽油在一段加氢反应器的入口进行混合。

循环一段加氢汽油用于稀释进料中的双烯烃，以便控制由于加氢反应而引起的反应温升，同时也可以调节反应器入口温度。其调节阀为一温度控制三通调节阀，正常运行时通过旁路一部分循环物料进开工加热器来控制反应器入口温度。一段加氢反应器在运行初期的入口温度最高为60℃，运行末期最高温度为120℃。

在一段加氢系统中，加氢汽油循环流量和新鲜裂解汽油进料流量的比率约为3～4kg/kg。

开车用一段循环安全液需加热到催化剂发生反应所需要的入口温度。在这种情况下，流经开工加热器的循环物料是用LS（低压）蒸汽进行加热的。

当反应器出口温度达到运行末期条件时催化剂需要进行再生。

一段加氢反应器A（或B）台催化剂再生时，反应器B（或A）可设定在操作状态。仅能有一台反应器用于操作。

在开车期间或在产品不合格的情况下，一段加氢反应器循环物料经循环冷却器冷却后，通过调节阀走不合格管线，在经过不合格物料冷却器进一步冷却后，送至界区外的不合格品贮罐。

反应器开车期间进行安全液循环时，可以通过从不合格罐接开工安全液或直接用槽车从反应器底部管线接入进行循环。

在一段加氢反应器接开工石脑油循环时，可以通过循环冷却器后的管线，经过稳定塔向BTX塔送开工石脑油。

（2）预分馏单元

从一段加氢反应系统来的经过选择性加氢的一段加氢汽油产物在调节阀的控制下，作为脱戊烷塔进料进入该塔第24块板。一段加氢反应器出口到脱戊烷塔的进料温度初期约为100℃，运行末期大约为124℃。

脱戊烷塔所需热量是由塔釜再沸器的中压蒸汽供给。第47块灵敏板温度为130℃，用灵敏板温度与脱戊烷塔釜再沸器的中压蒸汽流量串级控制。

脱戊烷塔塔顶的操作温度大约为72℃，操作压力为0.205MPa；塔底温度为146℃，操作压力为0.24MPa。

脱戊烷塔的塔顶气相物料在脱戊烷塔顶冷凝器中用冷却水冷凝后，其凝液收集在脱戊烷塔回流罐中，脱戊烷塔回流罐的操作温度大约为60℃。回流罐中的C_5馏分，经脱戊烷塔回流泵升压，部分作为回流返回到脱戊烷塔，其余的作为C_5馏分产品，在回流罐液位调节器与产品流量串级控制下送出，去乙烯裂解装置做裂解原料。在开车初期或C_5馏分不合格的情况下可用不合格管线，经不合格产品冷却器冷却后，送入不合格产品罐。

从脱戊烷塔回流罐出来的气相物料在塔顶尾气冷却器中用冷却水冷却到40℃，部分被冷凝下来的凝液返回到回流罐，而未被冷凝的尾气在塔压力调节阀控制下送出界区。

C_5馏分中出现的游离水在脱戊烷塔回流罐的水包中被除去。

脱戊烷塔釜的物料，通过脱戊烷塔釜泵提升到二段加氢反应系统所需要的操作压力3.4MPa，并在塔釜液位与流量调节器串级控制下送至二段加氢反应单元，作为二段加氢反应器的进料。

在开车期间或者是在产品不合格的情况下，塔釜物料在流量控制下，经不合格产品冷却器冷却后，送入不合格品罐。

(3) 二段加氢反应单元

裂解汽油二段加氢单元主要是由一台反应器和两台压缩机组成。

来自预分馏系统即脱戊烷塔塔釜物料，经脱戊烷塔塔釜出料泵升压至3.4MPa，作为二段加氢反应器的进料，经过二段加氢进料过滤器滤去固体等杂质后，与富氢循环气(H_2含量正常大约为90v%)混合后，通过二段加氢进料1#预热器、2#预热器和反应器出料进行热交换，进料被预热并汽化，反应器进料预热器管程出口物料正常用调节器控制在温度238℃，进入二段加氢进料加热器。该调节器是一温控三通调节器，正常情况下控制在238~250℃，当反应器出口温度升高，出口物料部分经进料1#预热器旁路，去出口冷却器进行冷却。该调节器在反应器运转初期控制在238℃，反应器运转末期控制在280℃。

二段加氢反应器进料加热器，是用超高压蒸汽进行加热的。反应器进口温度与超高压蒸汽流量控制阀形成串级控制，保证二段加氢反应器进料在进入二段加氢反应器之前，须进一步加热到反应器进料所需要的温度(运转初期条件为250℃，末期条件为300℃)。

烃和氢的气相混合物(反应器出口的氢气分压大约为1.8MPa)以从上而下的流动方向通过C_0-M_0催化剂床层。由于单烯烃的加氢反应是放热反应，在反应初期和末期，反应器床层温度分别会达到约295℃和345℃。同时有机硫和氮化物被加氢生成H_2S和NH_3。

从二段加氢反应器出来的热物料，先通过二段加氢进料2#预热器，然后进入二段加氢进料1#预热器中，用反应器进料冷却，最后在二段加氢产品冷却器中用冷却水冷却到大约40℃后，进入二段加氢产品分离罐。

二段加氢产品中存在的少量游离态的水，在二段加氢分离罐的水包中被去除。液相产品中溶解的部分气体和未溶的氢气，在二段加氢产品分离罐中被分离出来，经二段加氢循环氢压缩机入口缓冲罐后，进入循环氢压缩机的吸入侧。压缩机的出口流量可以通过其出口旁通阀控制返回量来调节。

为了保证二段加氢反应器出口分离罐的压力在一个恒定值，用分程控制新鲜氢的补入量和尾气的排放量。反应初期循环气的压力控制在大约3.4MPa，末期为3.5MPa。

从界区来的补充氢在流量调节阀的控制下，进入二段加氢循环氢气吸入罐中。补充氢和循环气混合后，作为加氢反应系统正常操作的气相循环。

用二段加氢分离罐上的尾气排放调节阀，来排放系统中累积的惰性气体，控制二段加氢分离罐的压力。在运行过程中，循环气中的甲烷含量会上升。当甲烷含量超过某一浓度时，应通过尾气排放调节阀排放。排放的时间和总量应根据循环气中 CH_4(甲烷)的含量而定。排放时要保持循环气量的稳定，维持反应所需要的氢/油比。通过补充氢气来控制反应器反应所需的氢分压。

二段加氢分离罐中的液相产品在其液位与流量的串级控制下连续从罐中采出，送入分馏单元。

在二段加氢分离罐出口的尾气管线上，有一事故阀，其作用是在反应器飞温、事故状态下，用于系统紧急泄压。

催化剂的活性可通过对稳定塔产品中的溴价和有机硫含量(无 H_2S)的分析来确定。如果溴价和有机硫含量超过允许极限范围，必须适当提升二段反应器入口温度。在操作过程中催化剂的活性会逐渐下降，可通过提升反应器入口温度来维持催化剂的活性。到反应器运转末期，即当反应器出口最大允许温度达到360℃，或者通过反应器催化剂床层的最大压降为0.2MPa 时，为了恢复催化剂的活性，催化剂必须进行再生操作。催化剂再生是“器外”再生。

(4) 分馏单元

① 稳定塔

从二段加氢分离罐来的液相物料，即二段加氢产品在稳定塔 1#进料预热器用 BTX 塔塔顶回流 $C_6 \sim C_8$ 馏分预热后，再经稳定塔 2#进料预热器中用 BTX 塔塔釜 C_9^+ 馏分预热，最后在稳定塔 3#进料预热器中用稳定塔塔釜物料预热到大约 125℃后，进入稳定塔第 11 块塔板。在稳定塔内，氢气、硫化氢、氨和轻烃通过分馏法除去。

为了控制稳定塔的温度，设定第四块灵敏板温度为 134℃，灵敏板温度调节器作为主调节器，用流量调节阀来控制稳定塔再沸器的中压蒸汽流量。

稳定塔的顶部气相在稳定塔塔顶水冷凝器内被部分冷凝下来。冷凝下来的物料进入稳定塔回流罐内(冷凝温度为 60℃)。稳定塔顶尾气直接在塔压力调节器的控制下，经塔尾气冷却器冷却到大约 40℃后，送出界区。经尾气冷却器冷凝的凝液流入回流罐中。

稳定塔回流罐内的液相物料，用液位与返回稳定塔的回流量串级控制，在保证回流罐液位稳定的前提下，通过稳定塔回流泵用流量调节阀控制全部返回到稳定塔塔顶，如果存在少量游离水，则在回流罐的水包内积聚，并被排放掉。

稳定塔的操作压力大约为 0.5MPa，对应的塔顶温度大约为 129℃。塔釜压力 0.52MPa，对应的温度大约为 178℃。

从稳定塔塔釜来的经过全加氢和稳定的汽油产品，经过稳定塔 3#进料预热器经塔进料冷却后，用塔釜液位与流量调节器串级控制，作为去 BTX 塔的进料。

在开车或产品不合格的情况下，稳定塔塔釜产品可经不合格产品冷却器进一步冷却后送至界区不合格产品贮罐。

② BTX 塔

从稳定塔塔釜来的经全加氢和稳定的汽油作为 BTX 塔的进料，在温度大约为 117.1℃时进入塔的第 40 块塔板。

为了控制好 BTX 塔的温度，塔的热量输入是通过下列方式供给的。控制第 45 块灵敏板温度为165℃作为主调节器，流量调节器作为副调节器来控制塔1#再沸器的高压蒸汽流量，用另一流量调节器来控制塔2#再沸器的中压蒸汽流量。

BTX塔压力调节器是分程调节器。系统压力低时，用B阀补充氮气进回流罐；系统压力高时，则通过A阀从回流罐中排放气体去火炬来控制塔压稳定。

BTX塔塔顶的操作温度大约为117℃，操作压力为0.035MPa；塔釜操作温度为195℃，操作压力为0.084MPa。塔回流罐的操作温度大约为99℃。

从BTX塔塔顶来的气相物料在塔顶冷凝器中用冷却水冷凝下来，进入塔回流罐中。C_6～C_8馏分经塔回流泵升压后，部分在流量调节器控制下送至塔顶作为塔回流；其余部分作为C_6～C_8馏分产品经稳定塔1#进料预热器和C_6～C_8馏分水冷器冷却后，在回流罐液位控制阀和流量控制阀的串级控制下送至C_6～C_8馏分产品贮罐。

在开车或产品不合格的情况下，C_6～C_8馏分送进界区不合格产品贮罐中。C_6～C_8馏分中存在的少量游离态的水在BTX塔回流罐的水包中被去除。

从塔釜第62块板侧线抽出的液体作为冲洗油，第62块塔板设置液面指示，用泵将冲洗油升压后，在冲洗油冷却器中用冷却水冷却至40℃后，送乙烯单元作为裂解气压缩机的冲洗油。

BTX塔塔釜出来的C_9^+馏分，在保证塔釜液位稳定的情况下，用塔釜泵升压后，经稳定塔2#预热器和C_9^+馏分冷却器冷却后，在塔釜液位和流量调节器串级控制下送至C_9^+馏分贮罐。

2.2.2.2 全馏分汽油加氢典型装置(五)的流程与特点

汽油加氢装置采用法国IFP公司的专利技术，从裂解装置来的粗裂解汽油经过两段加氢后生产出C_6～C_8组分作为主要产品。本装置的副产品有C_5组分、洗油和C_9^+组分。C_5组分原设计返回裂解炉做裂解原料或作为C_5分离装置的原料，进行抽提生产各种发泡剂。洗油用于乙烯装置裂解气压缩机段间冲洗液。C_9^+组分原设计作为裂解炉的燃料，现外送炼油装置去调和柴油。此外，装置由界区输入两股外来物料：一股是粗苯；另一股来自苯乙烯装置。用于加氢的氢气来自裂解装置。汽油加氢装置包括四个系统：一段加氢系统；BTX塔系统；二段加氢系统；加氢汽油精馏系统。装置原始年设计生产时间7560小时，操作弹性可在50%～110%的设计负荷下操作，年处理裂解汽油的能力为15万吨，产品加氢汽油作为下游芳烃抽提装置的原料。装置工艺采用两段全馏分加氢工艺。工艺流程为：粗裂解汽油经一段加氢脱除双烯烃或部分单烯烃后，经稳定塔脱除轻组分，轻组分返回裂解装置回收利用，塔釜物料进入BTX塔，分馏得到C_5～C_8、C_9^+组分，C_5～C_8经二段加氢反应器进料泵与循环氢气压缩机来的氢气混合后再经过进出物料换热器及反应器入口加热器加热进入二段加氢反应器，脱除单烯烃和硫、氧、氮、氯等杂质，反应器出口物料经冷却后进入产品精馏塔，分馏出C_6～C_8、C_5组分。

(1) 一段加氢系统

从罐区来的粗裂解汽油经过进料过滤器过滤后，进入原料缓冲罐，原料缓冲罐操作压力为0.13MPa，由氮气补压和放火炬来调节压力。在缓冲罐中设计有金属丝网破乳简易装备，主要作用是脱出原料中的游离水，脱出的游离水在水包中积累，并及时排放。粗裂解汽油通过进料泵加压至2.8MPa与一段加氢循环液、氢气混合通过进出料换热器后再经过入口加热器升温，加热介质为低压蒸汽。反应物料在设定温度(35℃～90℃)下进入一段加氢反应器，在反应器中发生双烯和烯基芳烃加氢反应。反应器由两个床层组成并设有中间急冷系统调节整个床层的温度分布，使整个反应温度处于比较合理的范围内进行，以降低副反应的发生。加氢反应主要以液相为主，反应器出口产物经过进出料换热器后，进入气液分离罐进行气液分离。气相物料进入二段加氢反应器系统，气液分离罐液相物料一部分进入稳定塔脱除轻组分，塔顶轻组分返回裂解装置回收利用，塔釜物料进入 BTX 塔系统。一部分物料经一段循环泵升压经水冷器冷却后，作为一段急冷液和稀释液。一段加氢反应器还备有再生炉以进行催化剂的还原、活化和再生。正常操作时反应器一开一备。

(2) BTX 塔系统

从一段加氢系统来的液体首先进入稳定塔。该塔属于全回流操作，塔压控制在 0.66MPa，主要作用是进一步将液体中的气体汽提出来，汽提尾气返回裂解装置，经过充分汽提的物料通过塔釜进入 BTX 塔。稳定塔还有一个重要作用，就是回流罐设置一个水包进行脱水操作。为了减少塔釜结焦，BTX 塔采用负压操作，塔顶压力控制在 -0.032MPa，塔顶物料经过冷却后，进入回流罐。回流罐设有中压蒸汽喷射泵，进行抽真空，中压蒸汽冷却后通过含油污水线外排至污水池，不凝气体直接排大气。塔的再沸器为立式虹吸式加热器，热源为中压蒸汽，塔底物料 C_9 作为产品外送炼油装置去调和柴油，塔顶物料进入二段加氢系统。洗油气相从塔底第一块塔板之上抽出经水冷却器冷却，凝液由液位控制进入洗油罐，然后用洗油泵将洗油送至乙烯装置压缩工段。

(3) 二段加氢系统

从一段加氢系统来的补充氢气与二段分离罐的氢气混合，在液相分离罐进行分离后进入压缩机，该压缩机为单级往复式压缩机。氢气压缩后与二段进料混合，经过进出口换热器换热后，再通过反应器进口加热器加热(加热介质为高压蒸汽)。加热后的物料控制在适当的温度，进入二段加氢反应器，正常生产时反应器入口温度控制在 235℃ ~290℃，反应压力为 2.3MPa。二段加氢反应器同样由两个床层组成，反应器上下床层装有不同类型的催化剂。反应器上床层催化剂主要进行单烯烃加氢反应，下床层催化剂主要进行脱硫、氧、氮等反应。二段反应器出料经进出料换热器和水冷却器后，进入气液分离罐，分离出来的气体主要成分为氢气，并含有一定量的硫化氢。气液分离罐上部的气体在压力控制下返回乙烯装置裂解气压缩机三段吸入罐或排放至火炬系统。气液分离罐下部的液相在液位控制下，一部分液体作为进料进入产品精馏系统，一部分液体返回到反应器入口与新鲜物料混合，以降低其反应活性。二段加氢反应器备有注入 DMDS(二甲基二硫)的设施，便于需要时对催化剂进行预硫化。同时，当原料中总硫含量偏低时，也可以临时采用注硫操作。二段加氢反应属于气相反应。

(4) 产品精馏系统

产品精馏塔(H_2S 汽提塔)的作用是脱除汽油中的硫化氢气体和分离产品，二段加氢物料利用压差控制进入产品精馏塔。塔顶物流与注入的缓蚀剂进入塔顶冷却器进行冷却并部分冷凝，气液混合物进入回流罐，回流罐压力控制在 0.42MPa，分离下来的游离水在罐底水包收集，需定期切水。罐中分离气体与稳定塔气相一起排放到裂解气压缩机二段吸入罐。C_5 产品从第 4 块塔盘采出，直接外送 C_5 装置。塔底产品为主产品加氢汽油，送往罐区为下游装置芳烃抽提提供原料。产品精馏塔塔底再沸器为立式热虹吸式加热器，热源为中压蒸汽。

第3章 设 备

3.1 二段加热炉

3.1.1 基本情况介绍

二段加热炉(以典型装置三加热炉为例)是汽油加氢装置的主要工艺设备之一。其结构形式为立式双圆筒形炉,由A、B四组加热盘管(即炉管)及炉膛组成。盘管A炉膛为全辐射段,盘管B炉膛为对流段和辐射段。它的作用是通过A、B盘管来分别加热循环气体和二段反应器进料,以达到工艺操作条件。二段加热炉烧嘴安装在燃烧室底部,所需燃烧为混合燃烧气体,烟囱设在B炉膛对流段上方,为A、B炉膛共用。二段加热炉的技术参数见表3-1。

表3-1 二段加热炉的技术参数

	盘管A	盘管B		
		辐射段	遮蔽段	对流段
设计规范(机械部分)	API-PR530			
蒸汽流量/(kg/h)	4304	22746	22746	22746
气体摩尔质量	5.09	21.92	21.92	21.92
最大表面热强度/(kJ/m^2·h)	211130	141884	141884	141884
设计压力/MPa	3.9	3.9	3.9	3.9
设计温度(流体)/℃	527	375	375	375
操作压力(进)/MPa	3.235	3.13	3.13	3.13
操作压力(出)/MPa	3.135	3.025	3.025	3.025
操作温度(进)/℃	346	233	233	233
操作温度(出)/℃	512	329	329	329
腐蚀强度(管子、管接头)/mm	2	0.5	0.5	0.5
水压试验/MPa	8.74	9.71	9.71	9.71
管子全长/m	4.1	4.85	2.85	2.85
管子有效长度/m	4.42	4.5	2.5	2.5
(光管数目/总有效传热面)/(个/m^2)	32/50.77	36/62.48	8/7.18	—
(翅卡管数目/总有效传热面)/(个/m^2)	—	—	—	16/182.8
管子中心距/mm	203.2	203.2	203.2	203.2
管子中心距炉墙最小距离/mm	154	155	109	109

3.1.2 典型结构

汽油加氢装置目前所用的加热炉一般是管式加热炉。管式加热炉是一种火力加热炉，它利用燃料在炉膛内燃烧时产生的高温火焰与烟气作为热源，加热在炉管中高速流动的介质，使其达到工艺规定的温度，以供给介质在进行分馏、裂解或反应等加工过程中所需的热量，保证生产正常进行。与其他加热方式相比，管式加热炉的主要优点是加热温度高(可达1273K)，传热能力大和便于操作管理。近年来，管式炉的发展很快，已成为近代石化工业中必不可少的工艺设备之一，在生产和建设中具有十分重要的地位。

虽然加热炉有各种各样的形式，但就结构而言，每种炉子大致都可分为以下几个系统，即炉子壳体(包括炉墙与钢架)、炉管系统(包括炉管、管架与回弯头)、燃烧系统(燃烧器)，以及排烟系统(烟囱)。

二段加热炉共有 A、B 两个炉膛，共用一个对流段(在 B 炉上方)，其结构由炉壳、加热盘管、烟道、烟囱及烧嘴等附件组成，图 3－1 为二段加热炉示意结构。

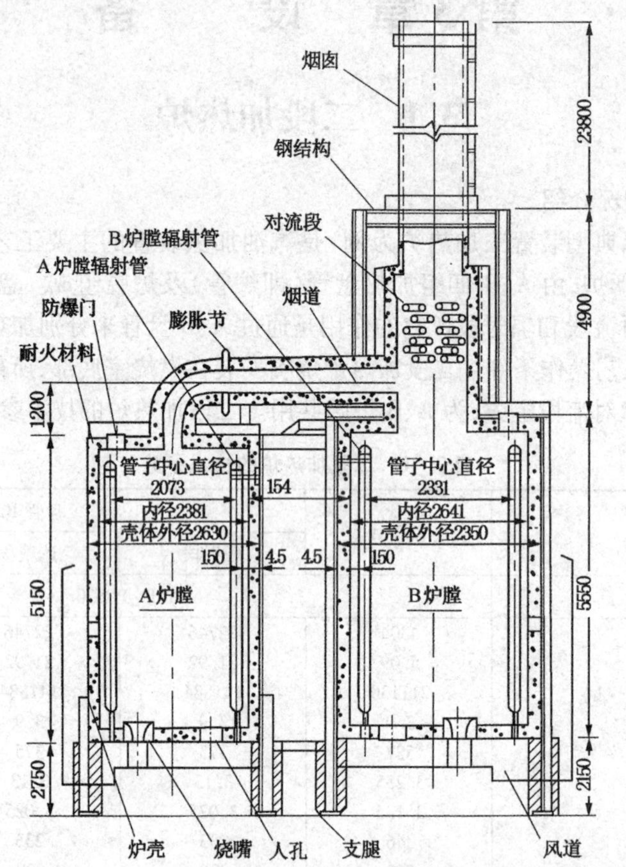

图 3－1　二段加热炉结构示意图

3.1.2.1　A 炉

图 3－2 为 A 炉的结构，其炉体外壳由普通碳钢焊接制成。外壳外径为 2690mm，高为 4900mm，外壳内表面衬有 150mm 厚的耐火材料衬里，衬里内径为 2381mm，衬里共有两层，外层即与炉体外壳接触部分厚 60mm，保温材料为 Airlite Trowl 耐火混凝土，内层即炉膛辐射表面层厚 90mm，保洁材料为 LWI－22 可塑性衬里。为了便于砌炉保温，在炉体外壳内壁上点焊有若干不锈钢钩钉。

由于 A 炉为全辐射型，因此在其内部仅排有辐射盘管，辐射盘管分两组，每组炉管分别由 14 根长为 4.1m 和 2 根 4.151m 直管，以及 180°长弯头和 90°短弯头相连焊接而成，并等距离垂直排列在加热炉辐射壁圆周上，其排列结构见图 3－3 所示，管子俯视结构呈马蹄型。在每组盘管两端各连接一根进出口接管，尺寸均为 100mm。整个辐射盘管由顶部弹簧吊架支承，而底部设有盘管异向器，使盘管能够在受热膨胀时自由伸缩。炉膛 A 辐射盘管规格尺寸见表 3－2。

在 A 炉底部均分布在 3 只烧嘴，从烧嘴喷出的火焰与盘管平行，火焰一部分辐射热量直接被盘管接受，一部分使炉膛内壁温度升高，炉壁又将一部分辐射热量传给盘管。另外，底部还设有 2 根灭火管和 1 个检修人孔。炉顶装有防爆门，以防意外事故保证安全操作。炉壳中部设有3个观察孔，用以观察炉膛内部火焰燃烧情况。

表3-2　二段加热炉A炉辐射段盘管规格

序　　号	部件名称	材　　质	数　　量	尺寸(外径×壁厚×长度)/(mm×mm×mm)
1-1	加热管(A侧)	SUS347TB	14	114.3×4.0×4100.4
1-2	加热管(B侧)	SUS347TB	14	114.3×4.0×4100.4
1-3	加热管(A侧)	SUS347TB	2	114.3×4.0×4151
1-4	加热管(B侧)	SUS347TB	2	114.3×4.0×4151
1-5	加热管	SUS347TB	4	114.3×4.0×666.9
2-1	180°S.R. 弯头(A侧)	SUS347TB	15	114.3×4.0×666.9
2-1	180°S.R. 弯头(B侧)	SUS347TB	15	114.3×4.0×203.2
3-1	90°S.R. 弯头(A侧)	SUS347TB	2	114.3×4.0×203.2
3-2	90°S.R. 弯头(B侧)	SUS347TB	2	114.3×4.0

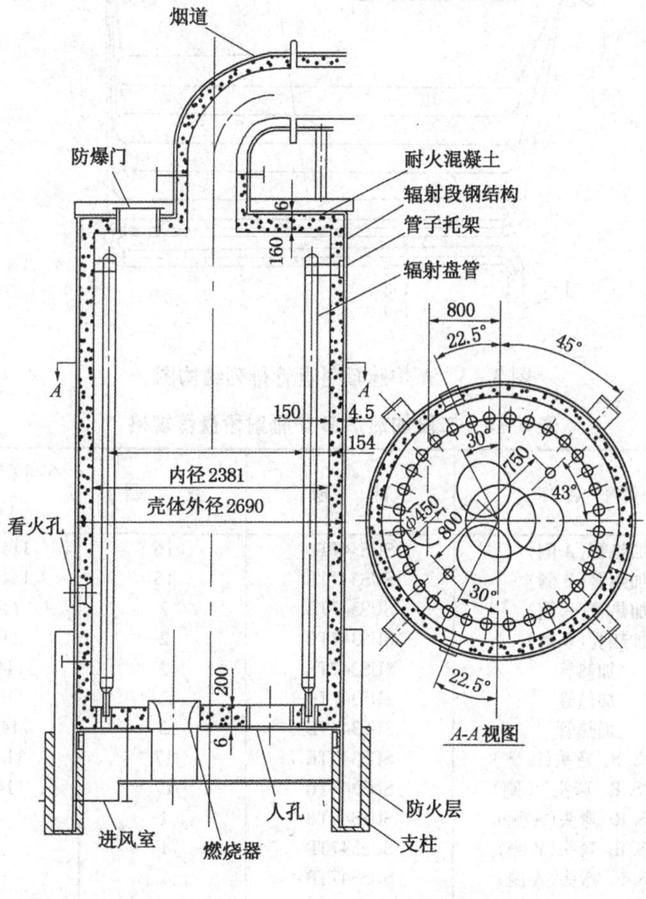

图3-2　A炉膛的剖面结构图

A炉膛的炉顶和炉底内壁也有2层砼结构，里层为轻质绝热混凝土，厚110mm，面层为轻质耐火混凝土LWI-22，厚90mm。

3.1.2.2　B炉

B炉有辐射段和对流段两部分，其辐射段盘管排列结构与A炉大致相同，也分两组，每组炉管分别由18根长度不等的直管与180°和90°长短弯头相连焊接而成。在每组盘管两端分别与进出口接管相连，尺寸约为100mm。炉膛B辐射盘管规格见表3-3。

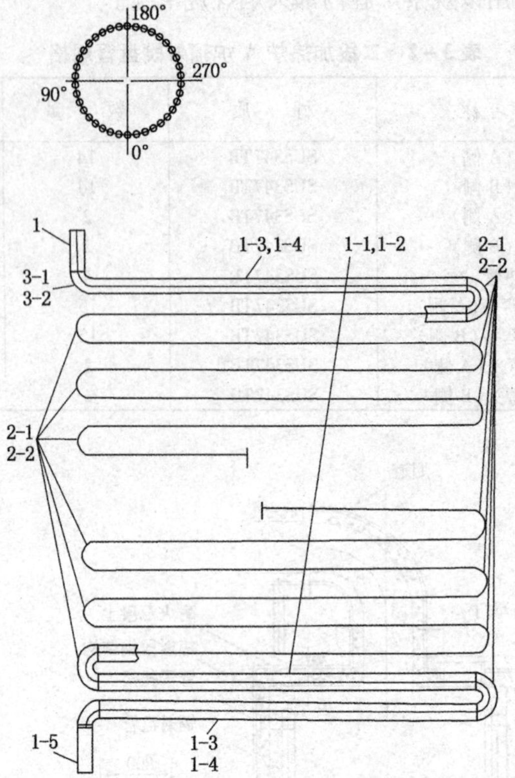

图 3－3　A 炉膛辐射盘管排列结构图

表 3－3　二段加热炉 B 炉辐射段盘管规格

序　　号	部件名称	材　　质	数　　量	尺寸(外径×壁厚×长度)/(mm×mm×mm)
4－1	加热管(A 侧)	SUS347TB	16	114.3×4.5×4500.4
4－2	加热管(B 侧)	SUS347TB	16	114.3×4.5×4500.4
4－3	加热管(A 侧)	SUS347TB	2	114.3×4.5×4551
4－4	加热管(B 侧)	SUS347TB	2	114.3×4.5×4551
4－5	加热管	SUS347TB	2	114.3×4.5×637.4
4－6	加热管	SUS347TB	2	114.3×4.5×131.2
4－7	加热管	SUS347TB	2	114.3×4.5×1863.2
5－1	180°S.R. 弯头(A 侧)	SUS347TB	17	114.3×4.5×203.2
5－1	180°S.R. 弯头(B 侧)	SUS347TB	17	114.3×4.5×203.2
6－1	90°S.R. 弯头(A 侧)	SUS347TB	1	114.3×4.5
6－2	90°S.R. 弯头(B 侧)	SUS347TB	1	114.3×4.5
7－1	90°S.R. 弯头(A 侧)	SUS347TB	1	114.3×4.5
7－2	90°S.R. 弯头(B 侧)	SUS347TB	1	114.3×4.5
8	90°L.R. 弯头	SUS347TB	2	114.3×4.5

对流盘管设置在辐射段上部，这样可以充分利用 A、B 炉膛的烟道气流热量。对流段盘管为水平布置，其结构见图 3－4，对流段的盘管为翅片管，以增加它的外表面积，提高对流盘管的受热能力，从而减少盘管数目，减小对流段的体积。为了增加翅片管的长度，二段加热炉在对流段增设了遮蔽段，即弯头管箱，这部管件为光管结构并与翅片管相连。整个对流盘管结构由对流段两端管板固定支承，管板由钢结构组成，在盘管支承处焊有保护套管。

炉膛 B 对流盘管规格见下表 3-4。

表 3-4　二段加热炉炉膛对流段盘管规格

序　号	部件名称	材　质	数　量	尺寸(外径×壁厚×长度)/(mm×mm×mm)
1	翅片加热管 翅片	SUS347TB SPCC	2	114.3×4.5×3450 1.27
2	翅片加热管 翅片	SUS347TB SPCC	14	114.3×4.5×2850 1.27
3	加热管	SUS347TB	2	114.3×4.5×1997.6
4	加热管	SUS347TB	6	114.3×4.5×2850
5	180°S.R. 弯头(B 侧)	SUS347TB	22	114.3×4.5×203.2
6	90°S.R. 弯头(A 侧)	SUS347TB	2	114.3×4.5

炉膛 B 也各有 2 根 100mm 的进出口接管，工艺物料从对流段进，由辐射段出，其间用 2 根跨越管相连。对流段壳体内壁采用单层耐火混凝土 LWI-20 衬里。

3.1.2.3　烟囱

二段加热炉的烟囱安装在炉膛 B 对流段的顶部，炉膛 A 的顶部用烟道管与炉膛 B 烟道对流段相通，两炉膛的烟气通过烟囱排出。烟囱外壳材质为 SS41 普通碳钢，内壁衬有耐火衬里，烟囱总长为 25.114m，共由三段筒节组成，顶部两节都为 9m 长，底部一节为 7.114m 长，每节烟囱上均装有角钢加强筋，以增强烟囱的强度，提高稳定性。

为了调节烟气排放量及温度，控制辐射炉膛进风量及压力，在烟囱中部设有可调挡板。人工调节挡板开度就可控制炉膛具有一定的抽力，从而保证炉膛内合适的负压操作条件，这样在打开观察孔看火时，炉火不会外扑，确保安全操作。另外，烟囱外设有爬梯，以便检修时使用。

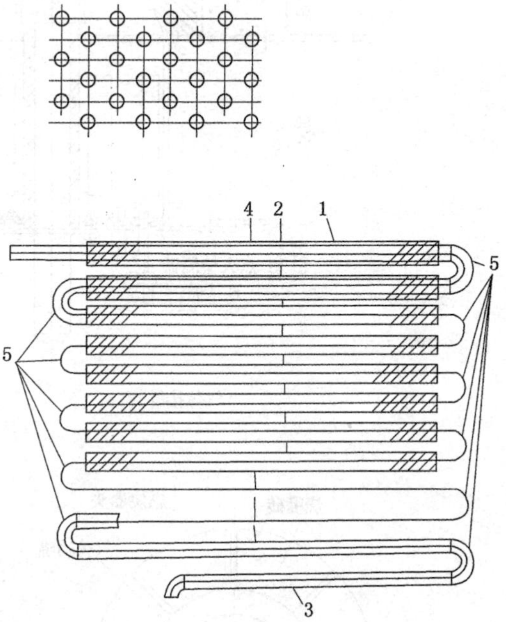

图 3-4　B 炉膛对流段水平盘管结构图

3.1.2.4　烧嘴

烧嘴是加热炉的重要部件，整个炉膛的热量是由烧嘴供给的，其结构、性能及分布的位置都直接影响加热炉的操作性能。

二段加热炉共有 6 个吸烧嘴，每个炉膛设有 3 只，其型号为 VYD-PC-16。单只 VYD-PC-16 型烧嘴性能见表 3-5。

表 3-5　二段加热炉单只烧嘴性能表

名　称	炉膛 A	炉膛 B	名　称	炉膛 A	炉膛 B
烧嘴型号	VYD-PC-16	VYD-PC-16	点火喷嘴角度	80°	80°
每只烧嘴最大放热量 kJ/h	3473400		点火气体压力/MPa	0.014~0.035	0.014~0.035
每只烧嘴最小放热量 kJ/h	694680				
气体喷嘴开孔	6-φ1/16in	6-φ1/16in	点火器混合喷口开孔	φ1/16in	φ1/16in

图 3－5 为 VYD－PC－16 型烧嘴结构，它由主烧嘴、点火烧嘴，风门及烧嘴砖几个部分组成。其中，主烧嘴由输气管、稳焰器及喷嘴构成。稳焰器为一倒置锥体，锥体部分开有若干长条形孔，使火焰稳定有力。喷嘴为一球体，球体表面根据不同的燃烧负荷可开有若干尺寸不同的火孔。调风器为套筒式，借以调节手柄进行调节控制风量。

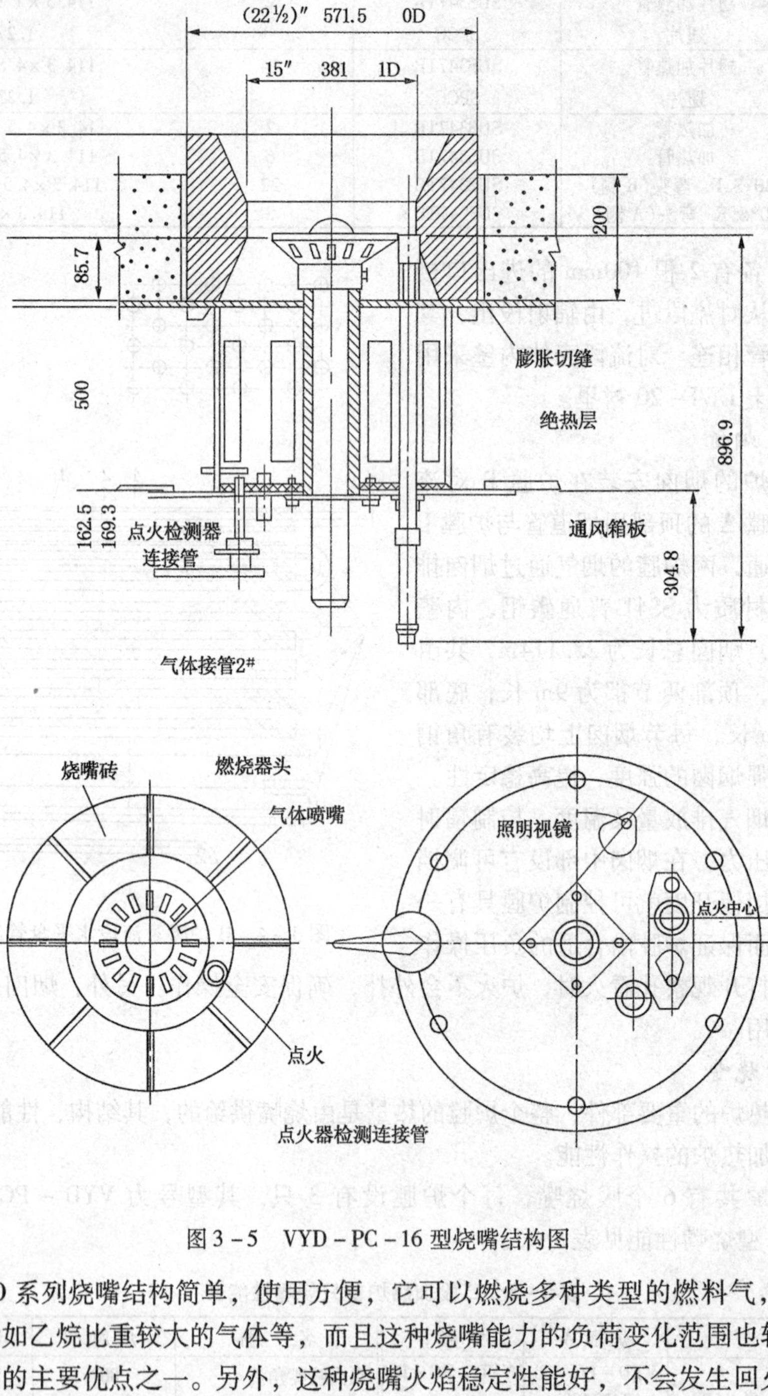

图 3－5 VYD－PC－16 型烧嘴结构图

由于 VYD 系列烧嘴结构简单，使用方便，它可以燃烧多种类型的燃料气，如含氢量较高的气体或者如乙烷比重较大的气体等，而且这种烧嘴能力的负荷变化范围也较大，它是扩散燃烧型烧嘴的主要优点之一。另外，这种烧嘴火焰稳定性能好，不会发生回火现象。但由于扩散燃烧型烧嘴火焰较长，容积热负荷较小，所需过剩空气量较大，容易产生不完全燃烧。另外，VYD－PC－16 烧嘴配有标准点火装置和火焰监测系统。

3.1.3 加热盘管材质

加热盘管是二段加热炉的直接受热部分，它是加热炉的重要部件。由于加热盘管长期处在高温见火状态下工作，同时有可能受到各种不同形式的环境腐蚀。因此，对炉管材质的选择比较严格。

二段加热炉使用的加热盘管材质为 SUS347TB 不锈钢管，属 JISG3463 标准，相当于国内产品牌号为 1Cr18Ni11Nb。表 3－6 为二段加热炉盘管（直管部分）化学成分。由于这种奥氏体不锈钢在使用相同的成分中加入了微量元素铌和钽，以防止加热盘管在高温下产生碳化铬沉淀或化合现象，同时具有抗硫腐蚀的能力。由于不锈钢可焊性较差，在加热盘管焊接后需在 890～910℃下进行严格热处理，热持时间为半小时。为了防止 σ 相析出，必须进行严格检查，并进行水压试验。

表 3－6 二段加热炉盘管（直管部分）化学成分

JIS G3463 SUS347TB	化学成分						
	C	Si	Mn	P	S	Ni	Cr	Nb + Ti
最小	—	—	—	—	—	9.00	17.0	微量
最大	0.08	1.0	2.0	0.04	0.03	13.0	19.0	微量

3.1.4 耐火材料

二段加热炉耐火材料使用及性能分别见表 3－7 和 3－8。

表 3－7 二段加热炉耐火材料使用

名称	材料		
辐射段炉墙	金属丝网	轻质绝热混凝土	LWI－22
辐射段炉顶	轻质绝热混凝土	LWI－22	—
辐射段炉底	304#	308#	LWI－22
对流段炉墙	LWI－22	—	—
对流段弯头箱	轻质绝热混凝土	—	—
烟道炉墙	轻质绝热混凝土	—	—
烟囱	303#	—	—

表 3－8 二段加热炉耐火材料特性参数

名称及牌号		气硬性胶泥 34#	硅酸钙绝热板 280#	矿渣棉 306#	耐火纤维毯 3083	耐火纤维毯 408#
最高使用温度/℃		1500	1200	1000	1260	1260
Al_2O_3/%		35	43.7	—	50.1	50.1
SiO_2/%		53	50.0	—	49.3	49.3
Fe_2O_3/%		—	0.2	—	0.1	0.1
使用容重/（kg/m^3）		—	250	110～120	96	60～200
导热系数/（$kJ/m^2 \cdot K$）	200	—	0.0465	0.0465	0.04418	0.0616
	600	—	0.0697	0.0814	0.0814	0.1163
	800	—	0.1395	—	0.2	0.257
形状		—	板状	毯	毯	毯
尺寸（长×宽）/（mm×mm）		—	900×600	1200×600	1200×600	1200×600
厚度/mm		—	20～75	10～50	10～50	10～50
储存期/月		6	—	—	—	—
使用方法		涂抹	直接	直接	直接	直接

3.1.5 二段加热炉大修后的验收检查

在大检修期间主要检查加热炉的炉管是否有网状裂纹、裂缝、鼓包等缺陷，检查炉管的变形程度，必要时需更换炉管。检查火嘴的连接管线是否有泄漏现象，如有则要消漏或更换。还要对火嘴进行拆装清理，检查火嘴孔是否清理干净。修复或更换加热炉周围的伴热管线。检查加热炉炉墙的损坏程度。对混合喷嘴进行拆装清理。

3.2 汽油加氢反应器

3.2.1 基本情况介绍

3.2.1.1 *反应器类型*

常用的反应设备主要有固定床反应器、流化床反应器和搅拌反应器，典型汽油加氢反应器均为固定床反应器，主要类型特征见表3－9。固定床反应器多用于大规模气相反应，参加反应的气体通过静止的催化剂进行反应，反应流体的组成沿流动方向而变化，在与流动垂直的方向上组成也可能由于温度梯度而变化。

表3－9 典型汽油加氢反应器的类型特征

名　称	传热特点	结构型式	集聚状态	操作方式
一段反应器	绝热型	单层固定床	气固液非均相	连续式
二段反应器	绝热型	单层固定床	气液固非均相	连续式

3.2.1.2 *反应器材质*

汽油加氢反应器操作压力都在2.5MPa以上，均长期在高温下工作，并受到氢气和硫化氢腐蚀，因而对材质的选择要求较高。在选材时一般考虑以下几个因素：

① 必须具有足够的强度，以抵抗设备在高温中压下内部产生的应力及温差应力；

② 壳体在操作条件下具备良好的抗氢及硫化氢腐蚀的能力；

③ 要有优良的机械加工性能和焊接，热处理性能；

④ 经济性好；

⑤ 材料的化学成分和工艺要求。

表3－10列举了数台典型汽油加氢反应器所使用的主要材料。壳体和封头的材质为SB锅炉和压力容器用钢，按标准JISG3103、SB46和SB49M属碳素钢，SB49M属0.5钼铜，SB49M＋SUS321为不锈钢板，它们的最小抗拉强度都在4.6～4.9MPa以下，由于SB钢具有良好的机械性能，所以能在500℃以上的温度下工作，从而满足设备强度和工艺的要求。除HDC－101的内件材质与壳体相同外，其他都使用了SUS不锈钢。因为不锈钢具有一定的抗腐蚀能力，同时也能在高温下使用。

表3－10 典型汽油加氢反应器的主要材料

	一段反应器		二段反应器		
位号	HDC－101	HDC－1101	HDC－102	HDC－2102	HDC－1102
壳体	SB49	15CrMoR	SB49M＋SUS321	0Cr18Ni11Ti	SCM1/2＋SUS321R
封头	SB49	15CrMoR	SB49M＋SUS321	0Cr18Ni11Ti	SCM1/2＋SUS321R
接管法兰	SF50PV	0Cr18Ni10Ti	A182Gr＋SUS321	1Cr18Ni9Ti	0Cr18Ni10Ti
接管	STPT38	0Cr18Ni10Ti	SUS321TP	0Cr18Ni9Ti	0Cr18Ni10Ti
接管加强板	SB49	0Cr18Ni10Ti	SB49M＋SUS321	0Cr18Ni9Ti	0Cr18Ni10Ti
内件	SB49	0Cr18Ni10Ti	SUS321	0Cr18Ni11Ti	0Cr18Ni10Ti

3.2.2 典型结构

一段反应器和二段反应器都是汽油加氢单元中的重要设备。在一段反应器中 $C_6 \sim C_8$ 中心馏分与液体循环物经过贵金属钯催化剂催化和低温液相加氢，首先除去裂解汽油中的二烯烃、苯乙烯和少量烯烃等不饱和物质。二段反应器则采用钴－钼催化剂气相加氢，使一段反应器液相产品中烯烃加氢饱和，含硫、氧及氮等杂质则转化为其他化合物而被清除。

图 3－6 为一段反应器结构。一段反应器高 17.7m，内径 1.45m，壁厚 23mm，催化剂床层靠近上部，下部较大的空间用来盛放反应过的产品，它的内部结构由进口挡板、液体分配

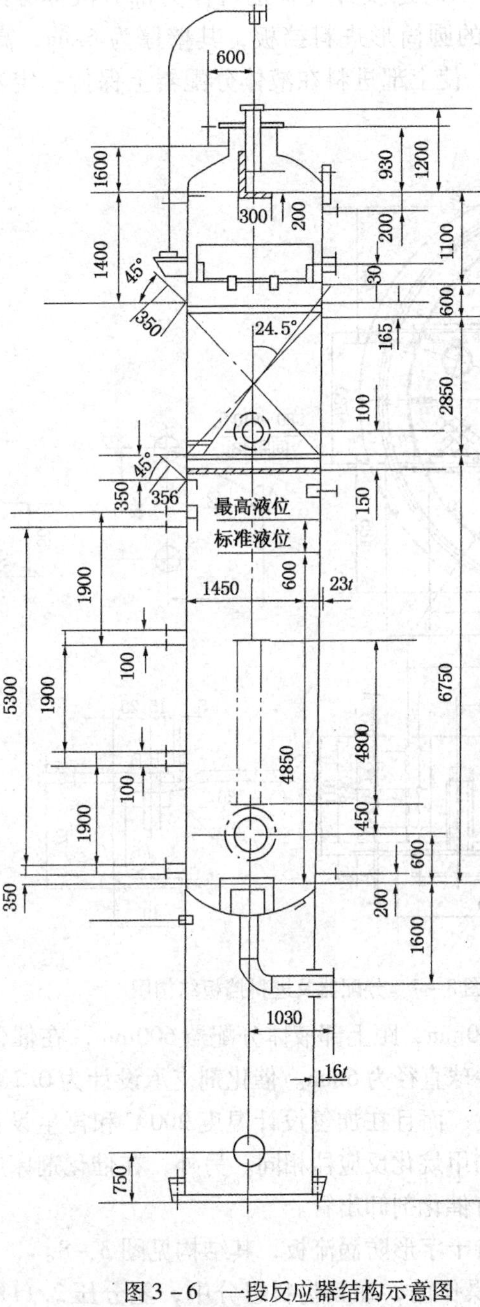

图 3－6 一段反应器结构示意图

器、催化剂床层，隋性球及底部防涡流板等组成。

进口挡板焊接在反应器顶部进料管下端的外壁上，挡板直径为300mm，厚度为12mm，起到使进料气体均匀分布的作用。

在距上封头折边线1100mm处的壳体支承圈上安装有液体分配器，使液体进料进一步均匀分布。如图3－7所示，液体分配器由三块带挡板的多孔板组成，板厚6mm，板与板之间采用螺栓紧固再点焊而成，多孔板上开孔直径为10mm，等腰三角形排列。在分配器多孔板上，还有5个等分布置的3BSCH40螺纹升气管，作为塔顶氢气的通道管。当反应器工作一段时间以后阻力降增加时螺纹升气管也可作为部分液体分配管。另外，液体分配器上方还有直径为1250mm的圆筒形进料挡板，其壁厚为6mm，高度为380mm，挡板底部距液体分配器表面30mm，使上部进料在液体分配器上保持一定液面高度，但保证液体均匀分布。

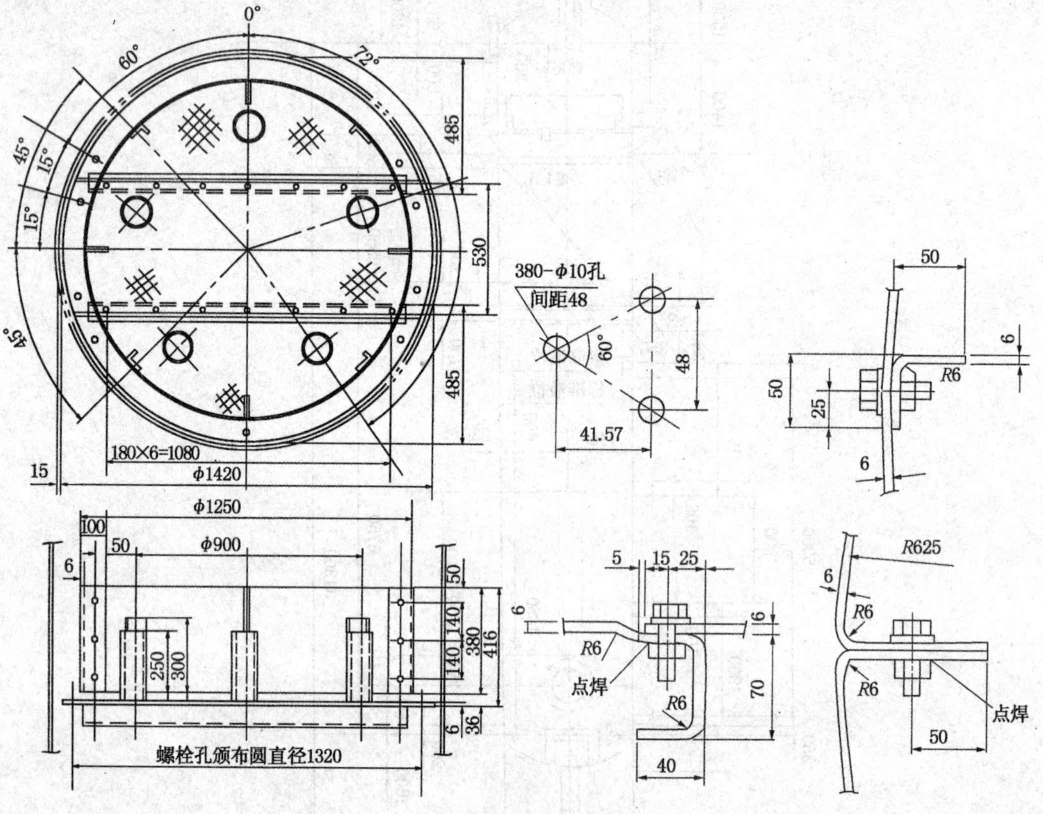

图3－7　分配器及进料挡板结构图

一段反应器催化剂床高2850mm，距上部液体分配器600mm，在催化剂床上下部各装有高度为50mm的隋性球层，隋性球直径为6mm。催化剂支承设计为0.2MPa压差加上隋性球格栅和液体滞留物(大约700kg)，而且在加氢设计温度200℃和再生设计温度525℃时无压差等条件，格栅筛网支承结构与甲烷化反应器相同。另外，在催化剂床层中斜插一根测温热电偶托架，床层下方壳体上装有催化剂卸出管。

在反应器底部出口处还设有十字形防涡流板，其结构见图3－8。

二段反应器是处于高温下操作的，在其物料组分中，氢分压2.11MPa，硫化氢分压为0.0044MPa。因此，除了壳体采用双层材料(外壁SB49M、内衬SUS321)来抵抗氢和硫化氢高温腐蚀外，在结构设计方面也有较高的要求。图3－9为二段反应器结构，内部结构有进口扩散器、污垢捕集器、瓷球和催化剂床层，出口收集器及底部催化剂卸出管等部件。

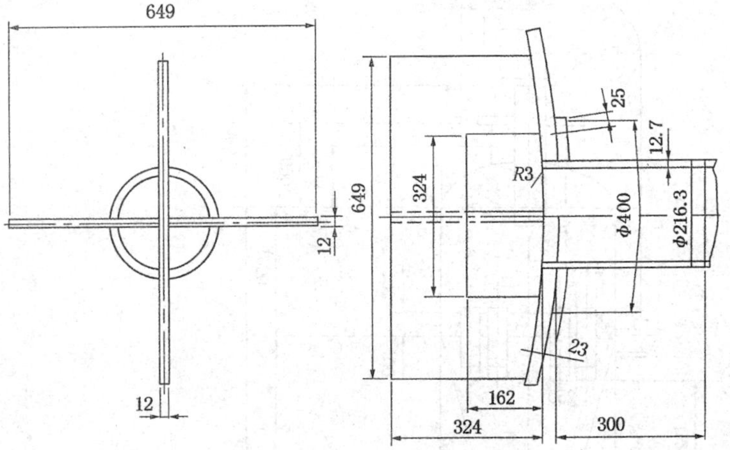

图3－8 底部防涡流板结构图

二段反应器的进口管长1600mm，管径为254mm，管子上部焊接在人孔法兰盖上，法兰盖与法兰之间采用双锥环密封结构，确保在高温下的密封要求。进口扩散器位于进口管的下部，如图3－10所示，扩散器共分三层。顶层是十字形防涡流板（A－A视图），板厚6mm；中层由直径125mm，高度100mm的圆柱筒和高度190mm的锥体组成的折流板，锥体外部的进口管一周开有4排直径为44mm的小孔，每排为15个孔，孔间距56mm，三角形排列，与锥体连接部位为半圆孔，使残留余液排净；锥体下部连接一块分配器（B－B）视图，板厚6mm，底部用三块支承钢条加强。折流板的作用是将进料分为二路，在折流板外部的物料沿径向进料管上的小孔流出，而在折流板内部的物料则沿轴向经底部分配器小孔流出，这种结构的设计在于使进料经过进口扩散器后得到有效的扩散，并均匀分布在下方的污垢捕集器上。进口扩散器材质为SUS321不锈钢。

图3－11所示为污垢捕集器的结构。二段反应器共有24只污垢捕集器，均匀地插在催化剂床层上，间距240mm，三角形排列，其直径为150mm，筛网尺寸为10目，筛网由平板条支承，污垢捕集器通过螺栓固定在四根支承板上。它的作用主要是防止进料中的脏物进入催化剂床后，附着在催化剂表面，而影响催化剂的活性。

这里简单介绍二段反应器污垢捕集器与催化剂层的装填要求。如图3－12，将催化剂充填至水平线A位置后，再放入污垢捕集器；临时将每个捕集器盖好；将催化剂装填至水平线B位置；把直径为6mm的陶瓷球放置到水平线C位置；然后把直径12mm的陶瓷球放置到水平线D位置；最后将每个捕集器上的盖子取掉。

二段反应器的催化剂床层高5200mm，上下方各装填直径为ϕ6mm和ϕ12mm的陶瓷球。上方的瓷球是防止物料进入催化剂床时，把催化剂吹掉。下方的瓷球层保证了物料顺利地排出，同时防止片状催化剂堵塞出口收集器上的筛网。

反应器底部还设置了出口收集器。出口收集器的设计是根据0.2MPa，加上再生温度为525℃，且上述重量无压差等条件。如图3－13所示，收集器为ϕ500mm的圆柱体，其周围与顶端的凹形封头均布有ϕ19mm×33mm间距的小孔，外面包着两层4目和8目的筛网，并用16#不锈钢丝网捆扎在收集器的顶部和侧面，从而保证了出料的清洁度。

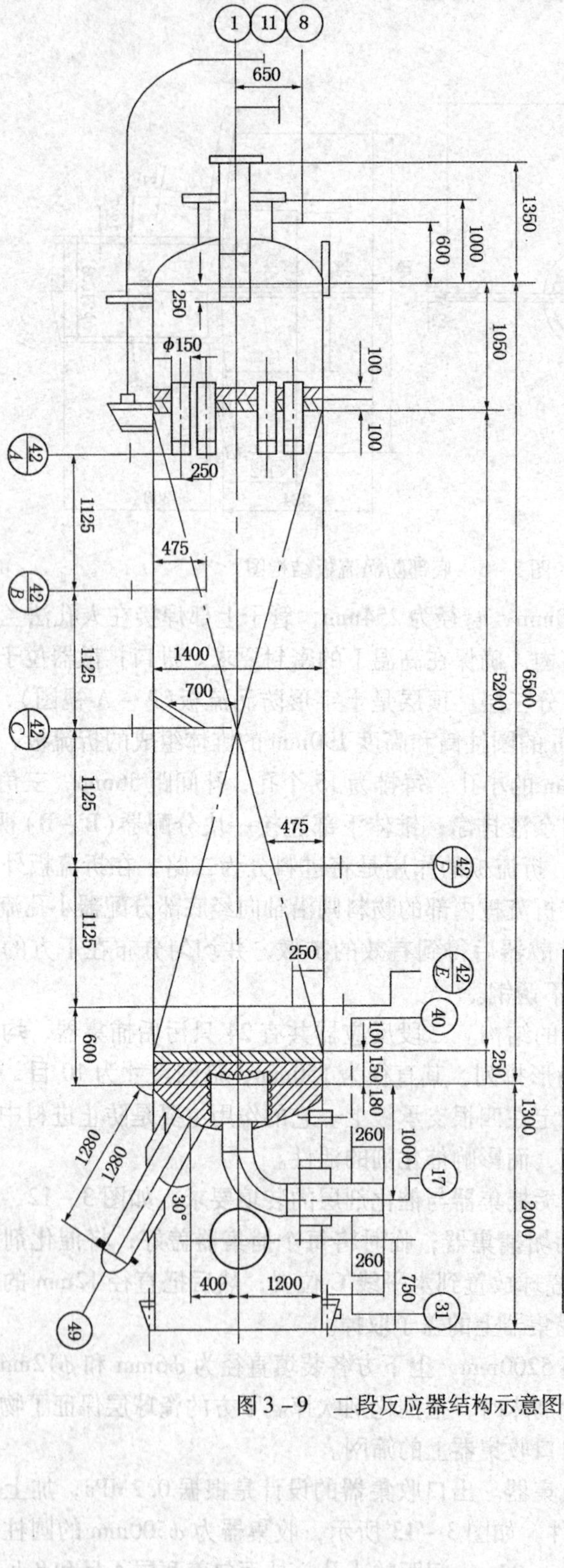

图号	B 尺寸	名 称
40	$1\frac{1}{2}$	温度检查孔
31	$1\frac{1}{2}$	排放口
8	$1\frac{1}{2}$	放尘口
49	6	催化剂卸出口
42 $^{a}_{E}$	$1\frac{1}{2}$	温度监察/温度控制
17	10	底部出口到HEA111
11	10	进料来自HBA101
1	24	人 孔

图3－9 二段反应器结构示意图

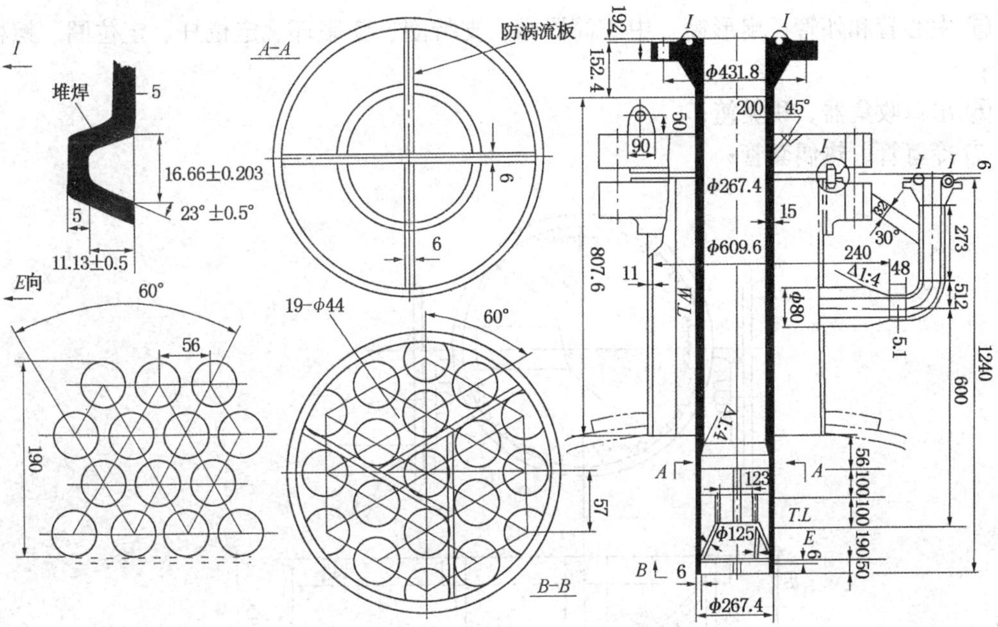

图 3-10　进口扩散器结构图

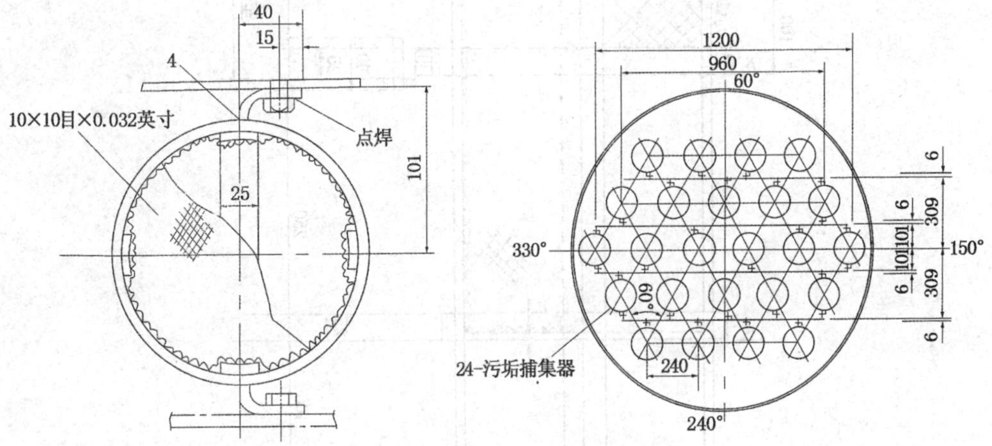

图 3-11　污垢捕集器结构图

在反应器的下封头上还备有催化剂卸出管，管端法兰亦采用双锥形密封，管内部还焊接着一根内锥管，管端盖板用二根销钉固定，以防止卸出管法兰拆卸后，瓷球和催化剂漏出，其结构见图 3-14。另外，在二段反应器催化剂床层中央设有 5 根测温热电偶套管。

3.2.3　检修内容与质量要求

3.2.3.1　检修内容

检查如下各部位，根据损坏程度确定修复或更换：

① 壳体和受压元件；

② 密封面和密封垫；

③ 入口扩散器和顶部分配器；

④ 支持圈和支耳；

⑤ 中心管和外管、扇形筒、中心筒罩帽、支持圈、膨胀环、定位杆、定位圈、螺栓及螺母；

⑥ 出口收集器、积垢篮；

⑦ 冷氢管、热偶套管；

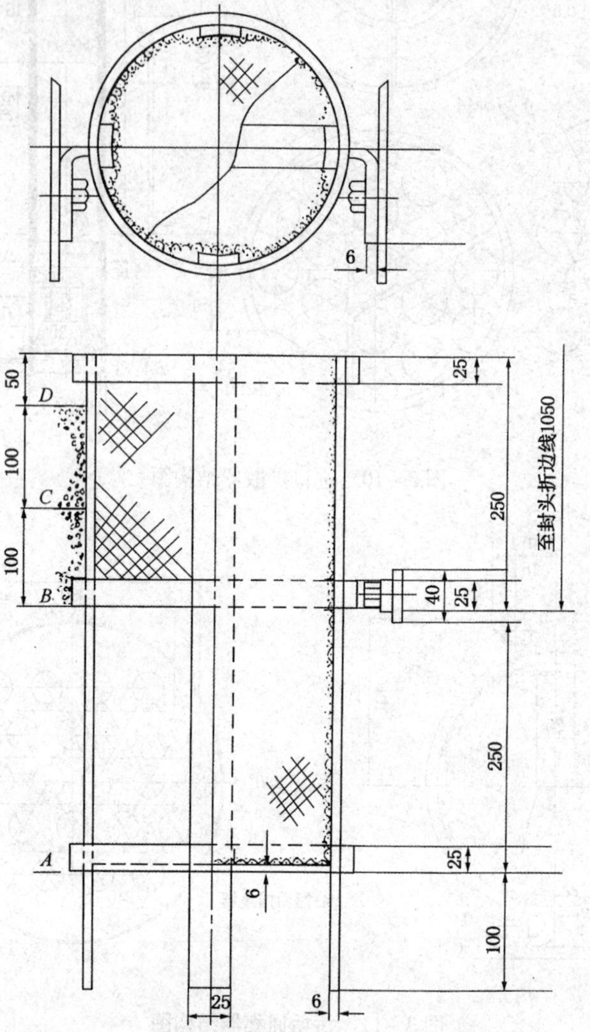

图 3－12　污垢捕集器在催化剂床层上的安装位置图

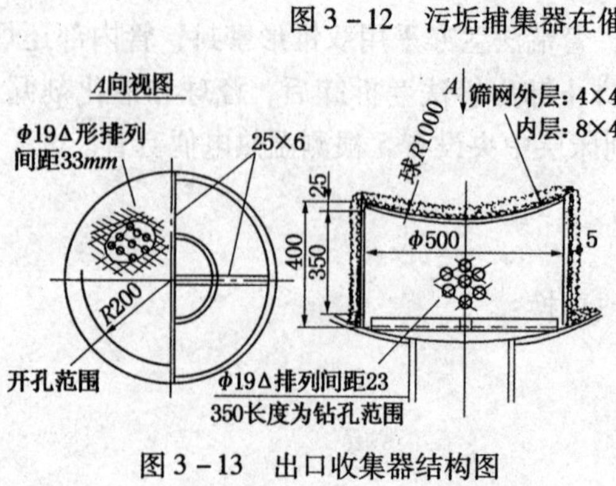

图 3－13　出口收集器结构图

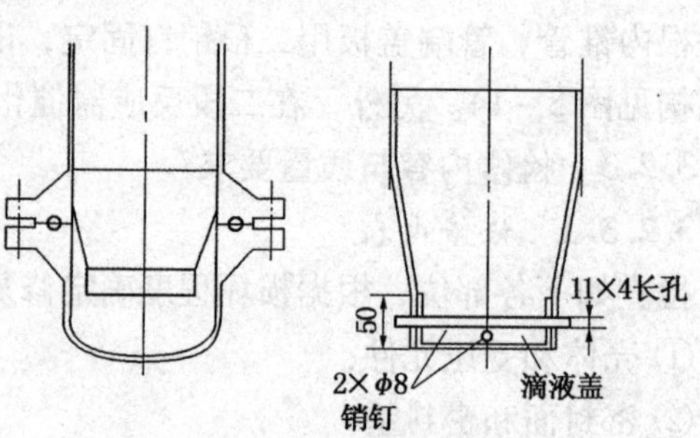

图 3－14　催化剂卸出管结构图

⑧ 进口挡板、液体分配器、催化剂床层，隋性球及底部防涡流板；

⑨ 底部格栅支承、筛网。

3.2.3.2 检修质量标准

① 反应器壳体及受压元件的检修按 SHS 01004—2004《压力容器维护检修规程》执行。

② 格栅与丝网之间的连接要牢固，丝网铺装严密，搭接处宽度不小于 30mm。

③ 分配盘、格栅与反应器壁间隙调整均匀。

④ 密封面和密封垫不得有影响密封的缺陷存在。

⑤ 更换的密封垫应符合技术要求。

⑥ 支持圈和支耳必要时进行着色检查，不得有裂纹存在。

⑦ 中心管罩帽、定位杆、定位圈、支持圈和膨胀环应牢固可靠，螺栓不得有松动现象。

⑧ 热偶套管不允许存在影响强度的缺陷，新安装的热偶套管水压试验，试验压力为规定的工作压力。

3.3 循环氢气压缩机

3.3.1 离心式循环氢气压缩机

3.3.1.1 基本情况介绍

典型的离心式循环氢气压缩机系统配置见图 3－15。

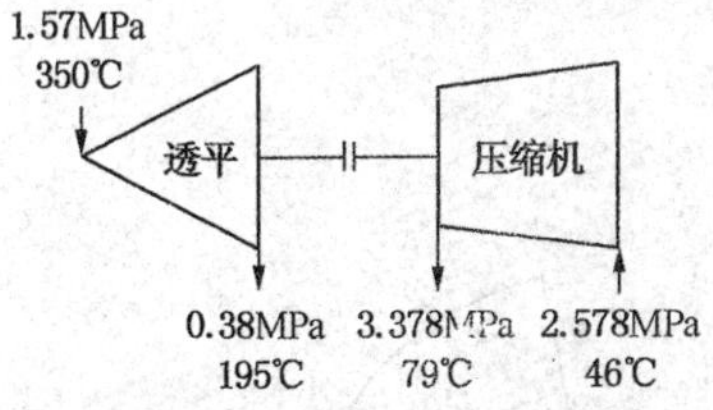

图 3－15 典型的循环氢气压缩机系统配置图

以某汽油加氢装置的离心式氢气循环压缩机为例，它的作用是把一段反应系统及乙烯装置来的 2.578MPa 氢气，加压至 3.378MPa 送入二段反应器。典型的离心式氢气循环压缩机为筒式结构，由汽轮机驱动，驱动为单缸背压式汽轮机，压缩机性能曲线见图 3－16，机组主要技术参数见表 3－11。

3.3.1.2 典型结构

汽轮机的典型技术参数见表 3－12。

表 3－11 典型的氢压机机组主要技术参数

压缩机	机组形式	型号	介质	流量/(Nm^3/h)	温度/℃（进/出）	压力/MPa（进/出）	额定转速/（r/min）	功率/kW
	离心式筒形	BCL－358	H_2、H_2S、烃类	19908	46/79	2.578/3.378	12300	330
汽轮机	汽轮机形式	型　号	介质进/出	耗汽量/（kg/h）	温度/℃（进/出）	压力/MPa（进/出）	额定转速/（r/min）	功率/kW
	非冷凝式	CC401	MS/LS	9000	350/198	1.75/0.481	12300	370

注：压缩机型号（BCL－358）说明

B——压缩机外形为筒式；

CL——隔板为无叶扩压器；

35——叶轮公称直径为 350mm；

8——八级叶轮

表 3－12　汽轮机的典型技术参数表

型　　号	CC401 背压式透平
最大连续转速/(r/min)	12561
速度范围	65%～105%
正常速度 100%/(r/min)	11962
转向	顺时针方向(从调速器方向看)
输出功率/kW	376
入口蒸汽压/MPa	1.54～1.815
出口蒸汽压力/MPa	0.353～0.549
入口温度/℃	290～350
调速器型号	Woodward PG－PL Governor
调速范围/(r/min)	10167(气动信号 0.02 MPa)～12561(气动信号 0.1 MPa)
跳闸转速/(r/min)	13543±135

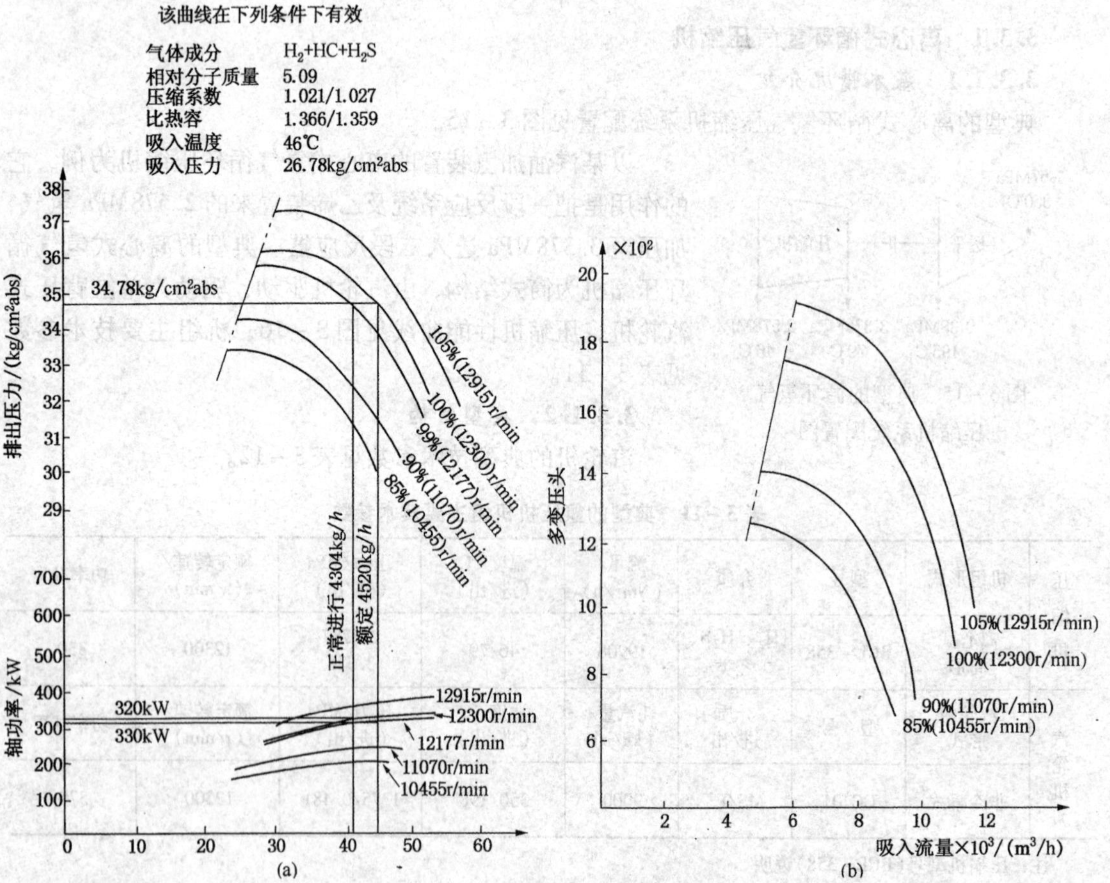

图 3－16　循环氢压缩机的性能曲线

该曲线在下列条件下有效

气体成分	H_2+HC+H_2S
相对分子质量	5.36
压缩系数	1.021/1.027
比热容	1.360/1.351
吸入温度	49℃
吸入压力	26.78kg/cm²abs

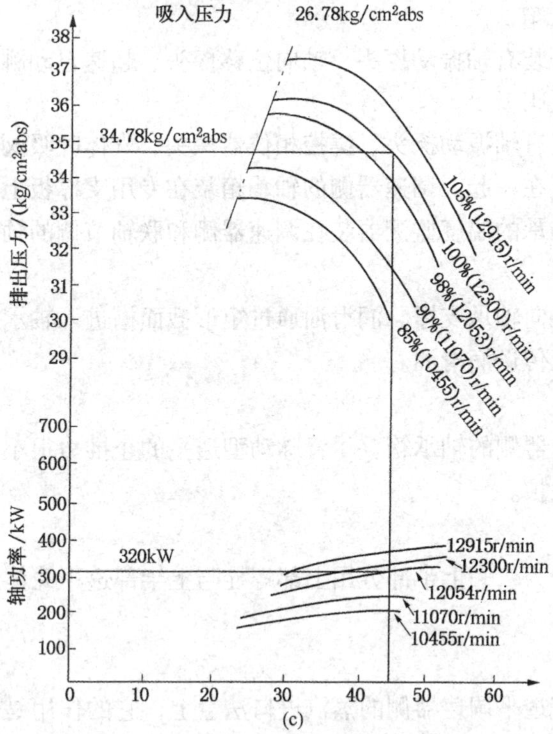

图 3-16(续) 循环氢压缩机的性能曲线

汽轮机也称蒸汽透平，其固定部分由汽缸、隔板、喷嘴、静叶片、汽封、轴封以及径向轴承、推力轴承等部件组成。转动部分由主轴、叶轮、安装在叶轮上的动叶片、轴封套及推力盘等组成。

(1) 缸体(或称外壳)

透平缸体一般由 Cr、Mo 钢铸造而成。缸体水平剖分成上缸体和下缸体。下部缸体由蒸汽箱外壳和排气室组成，为了使密封严密，外壳的法兰面应精确研磨。上、下缸体用螺栓、螺母和榫头固定。在蒸汽箱壳体内安装了紧急停车阀、蒸汽箱和一级喷嘴，在排汽箱中安装了喷汽嘴。

(2) 透平的转子

透平转子的材质一般为 NiCrMoV 或 CrMo 合金钢。主轴由锻钢制造，经精密机械加工而成。当叶片、联轴节和其他转动件完全安装好后，转子必须进行动态平衡实验，以消除运行中由于转子的不平衡而可能引起的振动。

(3) 叶片

动叶片的材料一般是采用特殊不锈钢，制成后装在透平转子的 T 形槽中。叶片对透平的性能具有重要的作用，因此使用的所有叶片具有高效的特性，并且安装部分有足够强度克服离心力和振动疲劳，以及良好的耐腐蚀性能。

(4) 喷嘴

所有喷嘴(导流叶片)都由特殊合金钢锻造，喷嘴经精确机械加工。叶型的设计要尽量减小对蒸汽流动地干扰，所以喷嘴角度和外形都要精密设计制造，使蒸汽流动阻力最小，以消除能量转换时的各种损耗。

(5) 轴承盖和轴承箱

调速器侧的轴承盖装有轴振动探头、轴向位移探头、超速自动跳闸电气系统的转速传感器和润滑油的气体呼吸阀。

联轴侧的轴承盖装有轴振动探头、键控相位器探头、气体呼吸阀。两个轴承箱以专用法兰与透平下部壳体连接在一起。调速器侧的轴承箱装在专用支撑板上，此板是柔性的，可吸收轴向的热膨胀力。轴承的温度监测器装在调速器侧和联轴节侧的轴承箱上。

(6) 径向轴承

透平转子被两个径向轴承支撑。润滑油通过矩形截面槽进入轴承，槽贯穿上半部的结合面，轴承中设置油槽以传送润滑油。

(7) 止推轴承

止推轴承位于调速器侧的轴承箱，尽管脉动型透平的止推力很小，这种轴承具有相当大的面积，以增加外部保护。

(8) 迷宫密封

迷宫密封水平一分为二，上半部分用上部螺栓与上半部透平壳体连接，能使蒸汽泄漏量最小。

(9) 主汽阀

主汽阀安装在蒸汽透平调速器侧的蒸汽进口法兰上，它的作用是打开和关闭透平蒸汽通道，并且在紧急状态下，由紧急自动跳闸联锁系统动作，自动切断蒸汽供应。

为了打开主汽阀，首先应启动润滑油泵，以补充控制润滑油。控制润滑油油路通过螺旋阀(即三通电磁阀)和超速自动跳闸装置，最终油压施加在主汽阀的阀缸活塞上，以使主汽阀获得打开动力。

(10) 调速阀

调速阀安装在主汽阀的下游，位于调速器侧的动力油缸收到从调速器传来的信号，借助阀杆打开或关闭调速器阀，由此按照负载调节蒸汽量，对透平转速进行控制。当蒸汽透平自动跳闸时，调速阀处于全开状态。

(11) 螺旋阀和自动跳闸系统

螺旋阀即三通电磁阀，采用24V 直流电源。当自动跳闸信号(如润滑油低压、轴位移等跳闸信号)被转化为电信号并加载给螺旋阀时，螺旋阀动作，将主汽阀缸体内的控制油(油压)泄入回油管线，使主汽阀全关，蒸汽透平停车。

(12) PG－PL 调速器

基本型 PG 调速器(压力补偿调速器)带气动速度调节机构，主要用于控制透平转速。PG－PL 型调速器包括气动调速机构、标准短器身、标准底部组件及动力油缸组件。

PG－PL 调速器的主要部件为：

① 油泵与压力贮存润滑油的区域及安全阀，可限制润滑油最大油压。

② 离心式飞轮平衡锤及控制阀组件，用来控制进、出调速器动力油缸组件的润滑油

流量。

③ 动力油缸组件，也称调速伺服器，它起着控制蒸汽透平调速阀门的定位作用。

④ 调速系统稳定性的补偿系统。

⑤ 调整调速器转速的气动调整机构。

3.3.1.3 典型结构

氢压机的典型结构参数见表3-13。

表3-13 氢压机的典型结构参数表

壳体型号	BCL358	第二临界转速/(r/min)	最大连续运转转速×120%
壳体剖分	筒形	壳体设计压力/MPa	3.8
级数	8	机械设计温度/℃	250
叶轮直径/mm	公称直径350	水压试验压力/MPa	5.7
叶轮线速度/(m/s)	230(在最大连续运转转速时)	径向轴承形式	可倾瓦
叶轮结构	焊接	止推轴承形式	双列 Kingsburg
第一临界转速/(r/min)	3900	轴封形式	浮环密封

离心压缩机主要由下述各部件构成：机体与设置在机体内的隔板构成的固定(静止)元件，包括吸气室、扩压器、弯道、回流器和排气蜗室(蜗壳)等；主轴和安装在主轴上的工作叶轮(主轴和各级叶轮的组件常合称为转子)；径向轴承、推力轴承以及迷宫密封等部件。吸入室的作用是将进气管中的气体均匀地导入叶轮。弯道的作用是将增压后的气体由离心方向改变为向心方向，以便引入下一级叶轮继续进行压缩。

(1) 外壳

外壳是圆筒形的双壳体，由锻钢制成，其两端由两只法兰封住，称为法兰气缸头，法兰亦由锻钢制成，垂直的配合面全部经过机械加工使之能够正常安装，用密封圈防止气体泄漏。

(2) 轴

轴是由锻钢制成，装有叶轮、平衡盘。

(3) 叶轮

八级叶轮全部是由钢制成的，为封闭型，它通常是铣制或焊接的。铣制的叶轮由带有叶片的整体圆盘加工而成，并用特殊工艺焊接在轮盘上。焊制的叶轮用加工好的叶片焊接在轮盘和轮盖上。

叶轮均应做动平衡实验，速度为额定转速的115%。

压缩机的八个叶轮尺寸基本相同，叶轮直径公称尺寸为350mm左右，最大线速度为230m/s，叶轮都是焊接的。

(4) 平衡盘

平衡盘是由锻钢制成的，它用热套法装配在轴上。压缩机的转子受到向入口方向的轴向推力，是由每级叶轮进出口之间气体的压差产生的，平衡盘降低了轴向推力，但轴向推力不能完全消除，残余轴向推力由止推轴承承担。

(5) 隔板

隔板是压缩机中非运转的动力通道，其作用是把叶轮出口来的气体扩压导入下一级叶轮入口。除出口导流器外，内部和外部的零件，以及所有的隔板在水平方向上都是平分的，以便装配转子。在压缩机组装时，出口隔板预先插入中间机壳后，转子与中间隔板的组装件以

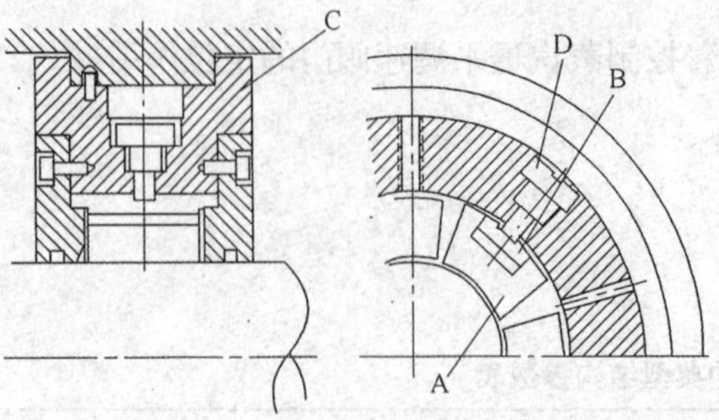

图 3－17　径向轴承结构示意图

轴向插入中间机壳。

（6）径向轴承

径向轴承是五块瓦斜垫式轴承，结构见图 3－17。轴承衬垫“A”是由钢制成的，内侧喷镀巴氏合金，它们是与钢块“B”组装在一起的。这些钢块能独立地在一根平行于轴颈的轴线上活动，每块衬垫都用在外套中的螺栓“D”固定，以限制其随轴颈的转动，这种形式的轴承在缓冲轴颈的振动中是很有效的。油通过在外套“C”上的环隙加入，并通过在外套的每端很小的间隙逸出。在操作时，旋转的轴颈所产生的压力传到每个衬垫，使每只衬垫都能随之形成一层合适的油膜。由于油膜是不连续的，所以可防止油膜振荡的产生。

（7）止推轴承

安装在入口侧的止推轴承为 Kingsburg 型，备有油控制环以减少油的运动。这一止推轴承在轴承环的每一侧有八块瓦，可传递两个方向的推力，止推轴承留出了表面的油膜及轴的热膨胀间隙。

（8）联轴器

连接透平与压缩机的通常联轴节是齿轮联轴节或磨盘联轴节两种，齿轮联轴节由四部分组成，即齿轮联轴节套筒、齿轮联轴节轮廓、锁紧装置及接长管。

齿轮联轴节芯由表面淬火的钢制成，齿轮联轴节套筒由镍－铬－钼钢制成。

联轴器需强制注油，润滑油经喷嘴注入芯与套筒的间隙之中，若润滑油添加的不充分，可能会产生联轴器齿轮的磨损和振动超过允许值。因此，喷嘴装置必须小心安装。

（9）轴封

轴封是用来防止压缩机气体内部和外部泄漏引起机械效率降低而引发安全事故的。有以下几种密封形式：

① 迷宫密封

迷宫密封使用在压缩机的级与级之间，使每级间的泄漏和平衡盘内室和外室间的泄漏减少至最小。一般用铝合金制成，硬度低于旋转部件以避免在偶然接触时对轴的磨损。迷宫翅片的数量及其余隙取决于操作条件。

② 浮环密封与干气密封

浮环密封又称为油膜密封，在压缩机进出口各有一套浮环，用来防止机壳端部的气体泄漏。这个系统是由两个带有巴氏合金内衬垂直表面是磨光的圆环组成的。这两个环在其外套内浮动着，随轴作径向运动，但保持与轴的同心度。由于圆环不作旋转运动，所以不磨损。两圆环面对面放置，中间用一组弹簧隔开，油以略高于参考气体压力引入两密封环之间的环状空间，从两个环与轴的间隙处流过，分别流至内侧排油口和外侧排油口。为了保持油压略高于参考气体压力，可采用液位控制系统。从外侧环（低压侧）来的外侧排油返回至油箱，然后进行循环，而从内侧环（高压侧）来的内侧排油则从自动油气分离器中排出，这部分排出的油间断地在脱气缸中用加热和氮气鼓泡的方法脱除酸性气体。

干气密封从 20 世纪 80 年代开始使用，已逐渐取代浮环密封成为当今世界上比较先进的密封，其密封效果好，一般都用于无泄漏的压缩机轴封。较为典型的氢压机干气密封采用英国约翰克兰(John Crane)公司的“T28”型串联式密封。串联式密封装置实质上是两对干气密封，沿轴向串联安装在压缩机两端(每端安装两个)。通常第一对密封隔离工艺气体，第二对密封隔离大气，因此平常没有工艺气体被排至大气。

每套干气密封装置通常包括一个“O”形密封的碳主环(位于不锈钢承座内)和一个装在轴上弹簧加载的旋转的碳化匹配环。干气密封结构如图3－18所示，动环端面动压槽结构如图3－19所示。旋转环和静止环的径向交界面处流体的密封，是靠一种独特而巧妙的方法获得的。密封表面借助于具有一系列螺旋槽的旋转碳化环，与静环之间高度平坦的交叠。当压缩机转动时，流体被向内吸至螺旋槽的根部，即所谓的密封坝，密封坝对流体有阻力，提高了动、静环接触面间的压力。当压缩机达到一定的转速，产生的压力就会使动、静环表面离开一个很精确的距离量，通常为3μm。气体动力学表明，当干气密封两端面间的间隙在2～3μm时，通过间隙的气体流动层最为稳定，这也是干气密封气膜厚度设计值选定在2～3μm的主要原因。当气体静压力、弹簧力形成的闭合力与气膜反力相等时，该气膜厚度十分稳定。图3－20为干气密封在动态下端面上的作用力示意图，该图表明密封面间的气膜具有良好的气膜刚度，保证密封运作稳定可靠。正常条件下，作用在密封面上的闭合力(弹簧力和介质力)等于开启力(气膜反力)，密封工作在设计工作间隙。当受到外部干扰，气膜厚度减小，则气膜反力增加，开启力大于闭合力，迫使密封工作间隙增大，恢复到正常值。相反，若密封气膜厚度增大，则气膜反力减小，闭合力大于开启力，密封面合拢恢复到正常值。因此，只要在设计范围，当外部干扰消失以后，气膜厚度就可以恢复到设计值。

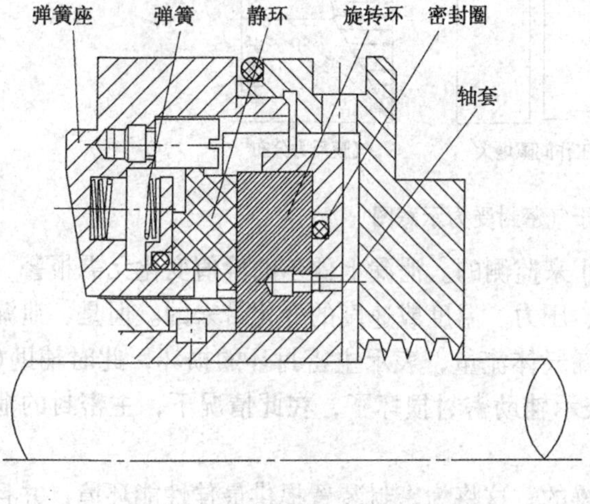

图3－18　干气密封结构示意图

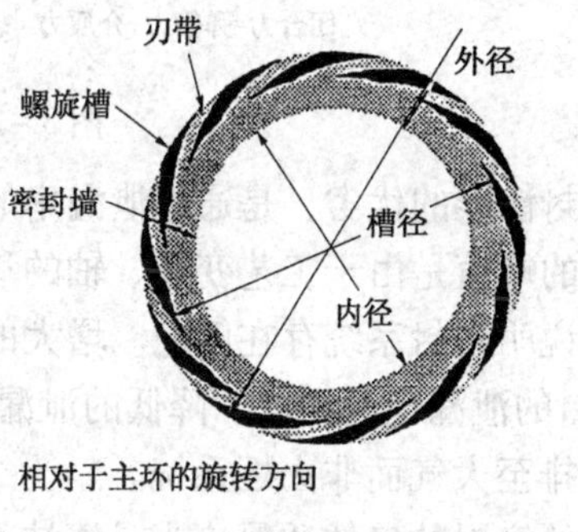

图3－19　动环端面动压槽结构示意图

由于静态主环和旋转匹配环之间的流体界面极薄，从而使得在正常动态工作条件下，两个表面保持离开而不接触，这就可以获得长寿命和可靠的密封效果(密封气纯净且无水的情况下)。

密封设计的操作范围很宽，所以密封一般情况下无须维修。通常，经过过滤的压缩机排出气注入机内气体密封和机内迷宫密封之间的空腔。过滤器气体源的大部分，将通过机内迷宫返回压缩机，保证密封腔不会有可能损坏气体密封的液体和固体颗粒，供给气体的小部分会自机内密封泄漏，进入机内和机外气体密封之间的空腔。因此，在压缩机的运行过程中，必须保持一定的密封气压差，使密封气的供气流量足以保证一部分用于返回压缩机内，另一部分通过动、静环的界面，实现对工艺气体的密封。机外气体密封可防止工艺气体进入大气侧，并可防止气体进入轴承区。另外，当机内气体密封因损坏而泄漏增大时，机外密封还可用作一种安全密封。即当主密封发生故障后，第二级密封将起到主密封的作用，就像一个单独的密封在工作。

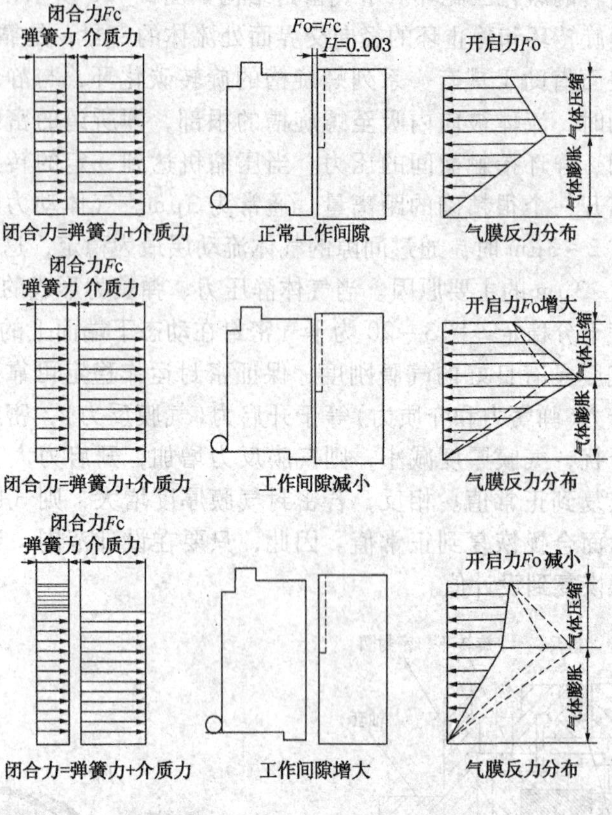

图3-20　干气密封受力示意图

密封性能的优劣，是通过泄漏率的大小来监测的。泄漏上偶尔的峰值变化无需报警，因为这样的峰值是由于工艺变量、轴的移动、压力、温度或速度的变化带来的。但是，泄漏的趋势则说明密封系统存在问题。增大的泄漏气体流量，表示主密封环的损坏，此时辅助(第二)密封的泄漏也会增大。降低的泄漏量表示辅助密封损坏了，在此情况下，主密封的泄漏气体被排至大气而非火炬系统。

供给密封的气体质量应当是清洁而干燥的。这将为密封装置提供最佳性能环境，并且能够延长密封的使用寿命。气体中不能夹带大于5μm 的颗粒性物质进入密封，这样会使动态的“O”形环上产生沉积物，造成转动不灵或损坏密封表面。为了避免将未经过滤的气体通到干气密封装置，在密封供气管线中装有两个2μm(绝对值)的组合过滤器，平时一开一备。过滤器受到的污染由压差表显示或报警。

3.3.1.4　润滑油系统、密封油系统与干气密封系统

(1) 润滑油系统

润滑油系统的设计是以安全而又可靠为原则进行的，它将满足三个机构的需要，即蒸汽透平机与压缩机的轴承，以及蒸汽透平的调速器用油。

润滑油系统由主油泵吸入油箱中的油，加压后经过冷却过滤后送到各机构中，应调节控

制阀使油泵出口压力保持0.5MPa。若系统中的油压降到0.19MPa以下辅泵自启动，在故障消除以后，必须用手动开关停辅助油泵，并将选择开关打至“自动位置”。

润滑油过滤器的正常压差应低于0.05MPa，最高到0.1MPa应切换备用过滤器。

润滑油路控制总管油压正常为0.25MPa，最低为0.15MPa，油压低至0.13MPa将引起压缩机低油压联锁停车。润滑油总管上有一个稳压器，该罐氮气压力最初为0.11MPa。润滑油至压缩机各轴承的油压用可变孔板进行减压控制，用于径向轴承的油压为0.12MPa，而用于止推轴承的油压为0.03MPa。

(2) 密封油系统

密封油系统用来防止压缩机轴端漏气，密封油以高于平衡管压力0.05MPa的压力引入密封环之间的环形空间。采用液位控制系统保持轴封油系统压力略高于参考气体压力，设有轴封高位槽补偿微小的压力波动，它在供油系统和压缩机本身停车，特别是非计划停止运转时供应轴封油，轴封油高位槽的大小是按压缩机停车后正常流量停留5min考虑的。

(3) 干气密封系统

干气密封系统是由带过滤器的工艺气体供给系统、泄漏气体放火炬系统、缓冲氮气系统和隔离气系统组成的。它将缓冲氮气供给第二级密封和用于隔离轴承箱润滑油的隔离气体。典型氢压机干气密封系统详见图3-21。

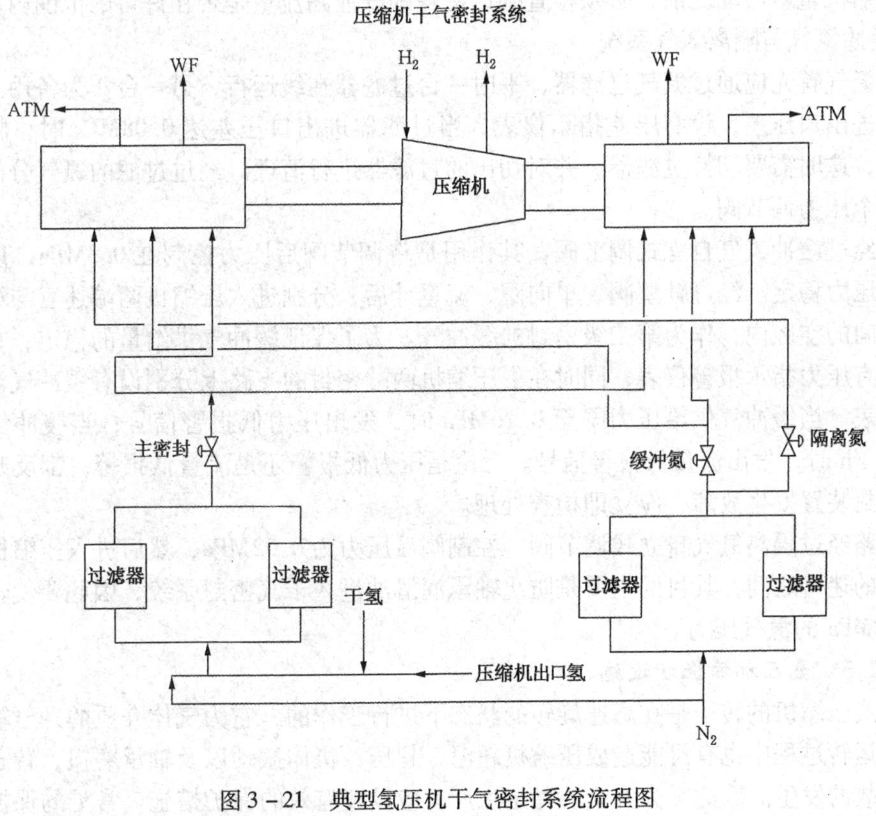

图3-21 典型氢压机干气密封系统流程图

① 工艺气体过滤、供给系统

未经过滤的工艺气体(正常运行时为压缩机出口气体)进入工艺气体过滤器。该系统设有两台过滤器，一台在线运行，一台备用。过滤器进、出口设有压差表，当压差达到0.08MPa时，发出高报警信号，这时必须切换过滤器，并对切出的过滤器进行清理或更换芯子。

经过过滤器后的工艺气体，由差压调节阀控制，进入压缩机轴端迷宫与主密封的腔中，正常流量为139.39Nm^3/h。为了确保进入主密封的工艺气体压力高于被封住的工艺气压力，设置了压差指示报警装置，正常时压差为0.07MPa，当压差降低到0.035MPa时，发出低报警信号，这时需要对干气密封系统进行检查、处理。

压缩机启动前，没有工艺密封气供到密封系统，须将开车N_2通到工艺过滤气供给系统（在机体压力低于N_2压力时）。

② 泄漏气系统

压缩机两端各有一个泄漏气排放监视系统，经主密封泄漏的工艺气体与从迷宫泄漏的N_2混合后，排往火炬系统。每一泄漏气排放系统均由孔板（$\phi 3$）、流量计、单向阀及压力开关组成。正常的泄漏量为4.73Nm^3/h。孔板前压力正常为0.11MPa。

由于密封的泄漏量变化反映了干气密封工作性能的好坏，因此设置了泄漏气体流量表，用于监视压缩机两端泄漏气体流量。当泄漏量达14Nm^3/h时，发出高报警信号；当泄漏量达2.5Nm^3/h时，发出低报警信号；当泄漏量达24Nm^3/h时，压缩机将联锁停车。同时由于孔板的节流作用，泄漏量增大时孔板前压力将升高，当孔板前压力达0.18MPa时，系统发出压力高报警信号。在这种情况下可能是氮气的流量太大，或主密封损坏所致。

在压缩机重新启动之前，必须检查确认密封的静泄漏流量是否在许可的范围内。

③ 缓冲氮气与隔离氮气系统

专用氮气首先应通过氮气过滤器，平时一台过滤器在线运行，另一台作为备用。为了观察过滤器进出口压差，设有压差指示仪表，当过滤器进出口压差达0.08MPa时，将发出高报警信号，这时需要切换过滤器，并对切出的过滤器进行清理。经过过滤的氮气分两路，分别进入两个压力调节阀。

一路经过缓冲氮气自立式调节阀，其作用是将调节阀后压力控制在0.3MPa，以保证针型阀前的压力稳定。经过针型阀、单向阀、流量计后，分别进入压缩机两端迷宫与第二级干气密封之间的空腔内，作为第二级密封的缓冲气。为了保证缓冲气供给量的稳定，在缓冲气总管上设有压力指示报警仪表，同时在去压缩机两端密封的支路上分别设有缓冲气流量指示及报警仪表。当缓冲气供给压力降至0.16MPa时，发出压力低报警信号；当缓冲气流量低于1.1Nm^3/h时，发出流量低报警信号。无论是压力低报警还是流量低报警，都反映缓冲气系统或密封装置发生故障，应立即检查处理。

另一路经过隔离氮气自立式调节阀，控制阀后压力为0.02MPa，然后进入压缩机两端轴承箱上游的迷宫之间，其目的主要是防止轴承润滑油进入干气密封系统，因此要使轴承箱内保持0.02MPa的氮气压力。

3.3.1.5 氮压机的保护设施

离心式压缩机的转子是在高速旋转的状态下进行工作的，它为气体介质的升压输送提供能量。在运转过程中也有可能造成压缩机超温、超压、机体振动以及轴承磨损、转子断轴等破坏性事故的发生。因此，为安全、稳定生产，应设置有效的保护措施。常见的保护措施有以下几种：

① 温度保护措施。指压缩机缸、段间进气温度保护，轴瓦工作温度保护，润滑油和封油的进机温度保护以及油箱油温的保护等。

② 压力保护措施。指压缩机出口压力、流量的保护，润滑油和封油供油压力保护以及

冷却水压力的保护等。

③ 机械保护措施。压缩机转子轴位移、轴振动以及转子超速等。

④ 干气密封的保护措施。当主密封发生故障，泄漏气体流量增大，表示主密封环的损坏。此时，辅助(第二)密封的泄漏也会增大，当超过一定值会造成压缩机联锁停车。较低的泄漏量则表示辅助密封损坏，在此情况下，主密封的泄漏气体被排至大气而非火炬系统。

3.3.1.6 氢压机异常振动原因分析

离心压缩机和汽轮机是高速运转的涡轮机械，除了设计、制造方面的原因外，安装和操作维修不当也会产生异常振动。对于涡轮机构的异常振动必须高度重视，尽快判明原因，及时采取措施设法消除，否则往往会造成重大的设备事故。

造成异常振动主要原因有以下几点：

① 不平衡。最常见的是转子热变形引起的不平衡。汽轮机启动时暖机不充分或停车时冷机不均匀，运转时蒸汽温度猛烈波动(超过5℃/min)都会使转子热变形而弯曲，会产生不平衡力而引发振动。

气体夹带液体引起的不平衡冲击力所造成的振动也很普遍，国外某装置的压缩机就曾因吸入液相产生巨大冲击力矩而使转子强烈振动而断裂。

操作控制不当，汽轮机蒸汽带液，使叶片(尤其是末级叶片)断裂而产生的不平衡所造成的振动也很常见。

连接件松动或装配间隙过大，也会造成不平衡而产生振动。

② 变形。装在露天的机组，由于局部或单侧日晒、风吹或附近保温不良的蒸汽管线的烘烤，都会使机组受热不均匀，造成机座产生翘曲而导致强烈振动。因此，大型涡轮机械的安装应有房顶、遮阳板、挡风墙。

③ 转子中心偏离。支承结构的热膨胀，基础下沉，机座变形，连接管线安装不当而使缸体偏斜等，都会使联轴节不对中而产生振动。这种情况下振动频率往往是转速的两倍或为联轴节齿轮数与转速的乘积。

④ 临界转速的变化。轴承座支承结构薄弱和刚度不足会影响临界转速发生变化，从而会引发转子的振动及事故发生。另外，当轴承间隙过大以及密封浮环本身结构上的原因，往往会使浮环起着轴承的作用，轴承跨距缩短，第一临界转速落到运转转速的范围内，振动会非常激烈，且在瞬间将机器损坏。

⑤ 压缩机吸入量不足引发喘振，造成机组振动过大。

⑥ 其他原因，诸如变速箱引起的扭转振动，介质在叶片上结垢、结焦，局部腐蚀等也会造成异常振动。

3.3.2 往复式循环氢气压缩机

往复式压缩机的基本结构和工作原理同往复泵类似，其主要部件有气缸、活塞及吸入阀门和排出阀门。但因为气体密度小，可压缩，因此往复压缩机的吸入阀门和排出阀门必须更加轻便灵活，易于启闭。一般往复式压缩机压缩比较大，出口气体温度高，必须装设冷却装置，移除气体压缩放出的热量以降低气体的温度。为了防止活塞杆受热膨胀后，活塞与气缸盖发生碰撞，活塞行程的终点与气缸端盖之间要留有一定的容积，称为余隙。

往复式活塞压缩机见图3-22，当驱动机构带动活塞作往复运动时，由气缸内壁、气缸盖和活塞顶面所构成的工作容积便发生周期性变化。活塞从气缸盖处(外止点)开始向右运动，气缸内的工作容积逐渐增大，这时外界气体沿进气管推开进气阀3进入气缸，直到活塞

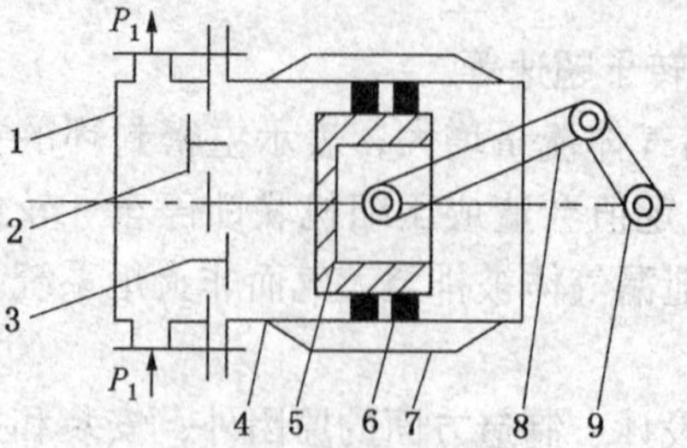

图 3-22 往复式活塞压缩机简图

1—气缸盖；2—排气阀；3—进气阀；4—气缸；5—活塞；6—活塞环；7—冷却水夹套；8—连杆；9—曲轴

达到最右位置(内止点)时工作容积为最大，这时进气阀开始关闭。然后，活塞开始向左运动，气缸内工作容积缩小，气体压力逐渐升高，当气缸内压力达到并略高于排气管压力时，气体把排气阀 2 打开，并进入排气管，直到活塞运动到最左位置时，排气阀关闭。当活塞再次向右运动，上述过程重复出现。总之，曲轴旋转一周，活塞往复运动一次，气缸内相继实现进气、压缩、排气的过程，即完成一个工作循环。

往复式活塞压缩机气缸轴线在空间的位置是压缩机的基本特征。根据气缸轴线在空间的位置，压缩机总体结构分为立式、卧式和角度式压缩机。卧式压缩机又可分为一般卧式、对称平衡型和对置式压缩机。汽油加氢装置的往复式压缩机采用单级对称平衡压缩机，以下介绍对称平衡型压缩机。

对称平衡型压缩机的气缸分布在曲轴两侧，相对列的曲拐错角为 180°，相对列活塞对动运动。在大中型压缩机中，对称平衡型压缩机是较多采用的结构型式。它的主要优点是：由于相对列往复运动质量为对动运动，若各列往复运动质量相等，则往复惯性力可以完全平衡，由于相对列布置在曲轴两侧，列间距很小，故往复惯性力矩很小，几乎为零。因此，机器转速较高，一般为 250 ~ 1000r/min，从而使机器和基础尺寸小，重量轻。由于相对列活塞力方向相反，可以互相抵消，因而改变了主轴颈的受力情况，有利于减少磨损，提高轴承使用寿命。对称平衡型压缩机可以采用较多的列数，使每列串联的气缸数较少，有利于拆装。对称平衡型压缩机的主要缺点是：运动部件及填料数量较多，机身和曲轴箱结构较复杂，气体的泄漏部位增多，损失较大，由于转速高，气阀和填料的工作条件较差。对于两列对称平衡型压缩机来说，还存在切向力不均匀的缺点。但综合分析比较，对称平衡型在大型压缩机中优点是显著的，是一种普遍采用的型式。

3.4 塔

塔设备是化工工业、石油工业、石油化工等生产中最重要的设备之一。它可使气(汽)液或液液两相之间进行充分接触，达到相际传热及传质的目的。在塔设备中完成的单元过程有精馏、吸收、解吸、萃取等。以下介绍汽油加氢装置的板式负压精馏塔——BTX 塔。

3.4.1 BTX 塔

从脱戊烷塔釜来的液体送到 BTX 塔，C_9 和更重馏分从 BTX 塔釜排出，冷却后送往贮槽。BTX 塔在减压下操作，可减少塔釜高温结垢问题。再沸器是用泵强制循环的，用中压蒸汽加热。塔顶气体用水冷凝，另设一台用丙烯冷剂冷凝的尾气冷凝器，以尽量减少带入真空系统的碳氢化合物。BTX 塔总体结构见图 3-23。

3.4.2 检修内容与质量要求

3.4.2.1 检修内容

① 清扫塔内壁和塔盘等内件。

② 检查修理塔体和内衬的腐蚀、变形和各部焊缝。

③ 检查修理或更换塔盘板和鼓泡元件。

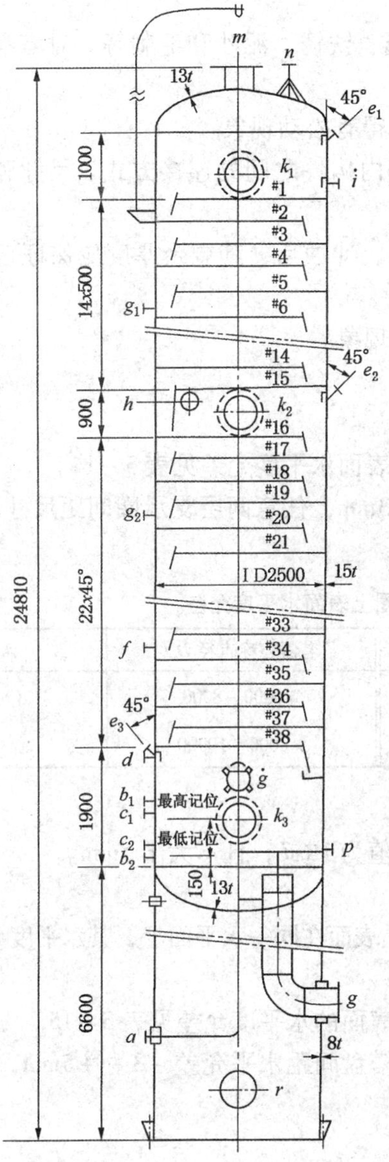

管口表

符号	尺寸	用途
r		出入口
g	16B	底部出口至H-GA104A,B
p	2B	备用口
n	2B	放空口
m	24B	蒸汽出口至H-EA103
k_{1-3}	20B	人孔
l	14B	来自再沸器H-EA106
i	3B	返回来自E-GA103A,B
h	10B	进料来自H-DA101
g_{1-2}	$1\frac{1}{2}B$	温度计套管器
f	$1\frac{1}{2}B$	温度控制器
e_{1-3}	$1\frac{1}{2}B$	压差指示器
d	1B	放空返回来自H-GA104A,B
c_{1-3}	2B	液面指示报警器
b_{1-3}	$\frac{3}{4}B$	液面计口
a	2B	排放口

图 3－23　某装置 BTX 塔结构图

④ 检查修理或更换塔内构件。

⑤ 检查修理除沫器、喷淋装置等部件。

⑥ 检查校验各附件(压力表、安全阀、放空阀、温度计、单向往阀、消防蒸汽阀等)是否灵活，准确。

⑦ 检查修理塔基础裂纹、破损、倾斜和下沉。

⑧ 检查修理塔体油漆和保温。

3.4.2.2　检修质量要求

(1) 一般规定

a. 塔内必须清理干净，无异物。

b. 塔盘、鼓泡元件和各构件等几何尺寸和材质应符合图纸规定，并应有合格证书。应根据实际质量情况进行抽检。

c. 内件安装前，应清理表面油污、焊渣、铁锈、泥沙和毛刺等。对塔盘零部还应编注序号以便组装。

d. 塔内构件和塔盘等必须紧固牢靠，不得有松动现象。

e. 塔盘板排列和开孔方向，塔盘板和塔内构件之间的连接方式、尺寸和密封填料等应符合图纸规定。

f. 塔盘、鼓泡元件和塔内构件等受腐蚀、冲蚀后，其剩余厚度应保证至少能使用到下个检修周期。

g. 塔内衬里不应有裂纹、鼓泡和剥离等现象。

（2）板式塔

① 支承圈

a. 支承圈上表面应平整，整个支承圈上表面水平度允差见表3－14。

b. 相邻两层支承圈的间距尺寸偏差为±3mm，任意两层支承圈间距尺寸偏差在20层累计偏差为±10mm。

表3－14　支承圈上表面水平度允差　mm

塔器公称直径 *DN*	水平度允差	塔器公称直径 *DN*	水平度允差
<1600	3	>6000～8000	8
>1600～4000	5		
>4000～6000	6	>8000～10000	10

② 支承梁

a. 支承梁上表面应平直，其直线度公差值为1‰*L*，且不大于5mm。

b. 支承梁组装中心位置偏差为±2mm。

c. 支承梁安装后，其上表面应与支承圈上表面在同一水平面上，其水平度允差同表3－15。

③ 受液盘、降液板和溢流堰

a. 受液盘上表面应平整，整个受液盘上表面的水平度允差见表3－15。

b. 降液板与塔壁水平允差为±6mm，与塔盘间距水平允差－3～＋5mm，与受液盘垂直允差±3mm。

c. 溢流堰安装后，堰高允差见表3－16。

表3－15　受液盘上表面水平度允差　mm

受液盘长度 *L*	水平度允差
≤4000	3
>4000	1‰*L*，且不大于7

表3－16 堰高允差　mm

塔器公称直径	堰 高 允 差
≤3000 ±1.5	±1.5
>3000	±3

④ 塔盘数

塔盘组装后，塔盘面水平度在整个面上的公差值见表3－17。

表3－17　塔盘面水平度公差值　mm

塔体内径 *DN*	水平度允差	塔体内径 *DN*	水平度允差
<1600	4	>6000～8000	12
>1600～4000	6		
>4000～6000	9	>8000～10000	15

⑤ 浮阀

a. 浮阀弯脚角度一般为45°～90°，且浮阀应开启灵活开度一致，不得有卡涩和脱落现象。

b. 塔盘上阀孔直径冲蚀后，其孔径增大值不大于2mm。

⑥ 圆泡罩

a. 圆泡罩安装时，应调整泡罩高度，使同一层塔盘上所有泡罩齿根到塔盘板上表面的高度符合图纸要求，其尺寸偏差为±1.5mm。

b. 圆泡罩与升气管的同心度不大于3mm。

(3) 填料塔

① 支承结构

a. 填料支承结构应平稳、牢固、通道孔不得堵塞。

b. 填料支承结构水平度(指规整填料)不大于2‰*DN*。且不大于4mm。

② 液体分布装置

a. 喷雾孔不得堵塞。

b. 溢流槽支管开口下缘应在同一水平面上，其水平度公差值为2mm。

③ 除沫器

a. 除沫筐之间与器壁之间均应挤紧，并用栅板压紧固定。

b. 除沫器安装中心、标高及水平均应符合技术规定，丝网不得堵塞、破损。

3.5 泵

3.5.1 离心泵

3.5.1.1 离心泵的工作原理及分类

(1) 离心泵的工作原理

泵体内充满被输送的液体，叶轮在泵轴的带动下旋转产生离心力，液体由叶轮中心被甩到叶轮以外，这时叶轮中心产生负压，液体从泵的吸入口流向叶轮中心，泵轴带动叶轮不停的旋转，叶轮不停的吸入和排出液体。通过泵壳的涡流，将动能转化为静压能来输送液体和提高压力。

(2) 离心泵的分类

离心泵的结构形式很多，按安装位置可分为立式和卧式；按级数可分为单级和多级；按叶轮形式可分为开式、半开式和封闭式；按壳体形式可分为垂直部分和水平部分；按叶轮吸入方式可分为单端吸入和双端吸入。下面介绍常见的离心泵：

a. 立式离心泵的泵轴是立式安装的。这种泵的结构紧凑、占地面积小、转速高、体积小、吸入压差低，吸入口、排出口都是横向设置的。

b. 卧式离心泵的轴是水平安装的。它的支撑脚落在基础上。

c. 单级离心泵是安装一个叶轮的离心泵。单级离心泵的泵体一般为涡壳型。因为液体向外流动时，流道的横截面逐渐扩大，所以流速减小，将部分动能转化为静压能，起到能量转换的作用。

d. 多级泵是在泵轴上安装两个或两个以上叶轮的离心泵，多级离心泵的扬程比较高。

e. 一般大流量小扬程为双吸泵。

（3）离心泵的内功损失

当泵输送的液体在泵内流动时，通常要产生水利损失、容积损失和机械损失三种。

a. 液体在泵内流动时，因为流道的光滑程度不同，则阻力大小也不相同；另外当流体进入叶轮和从叶轮出来时会产生旋涡和碰撞，也会产生能量损失。这两部分损失统称为水利损失。

b. 因为泵体是静止的，当叶轮在泵体内转动时，由于间隙的存在，叶轮出口的高压液体有一小部分会自动流回叶轮进口，也可能有一部分液体会从平衡管流回叶轮入口，或从密封处漏损，这些损失统称为容积损失。

c. 因为泵在运转时要和轴承、填料等发生摩擦，叶轮在泵体内运转，它的前、后盖板也要和液体发生摩擦，这些摩擦所造成的能量损失统称为机械损失。

（4）液体黏度、密度对离心泵性能的影响

在正常温度下，若输送的液体密度与水的密度不同时，若泵的流量、扬程、效率等参数不变，则轴功率随密度的变化而变化。液体的密度越大，轴功率越大。

同样，若输送黏度很高的液体，则泵的流量减少，扬程降低，功率增加，效率降低。

（5）离心泵的气蚀现象

离心泵叶轮在高速旋转时产生离心力，使泵的入口处产生低于大气压的真空度，使液体自动地流入泵的入口处。当入口处的真空度达到一定程度时，即使在常温下，入口处的液体也能汽化而产生汽泡，这些汽泡随液体一起进入叶轮。在离心力的作用下液体压力逐渐升高，汽泡便凝结成液体而消失，此刻周围液体迅速来补充，从而发生了猛烈的碰撞，瞬间产生很强的水锤现象，冲击叶轮表面，便产生机械应力侵蚀。在叶轮受到损害的同时发生噪声，泵体伴随有振动，流量减少，扬程下降，效率降低等，这种现象叫气蚀现象。

为了消除气蚀现象，在制造泵叶轮时应尽量采用防腐蚀材料，增加泵的抗腐蚀能力。在安装时，应尽量减少泵的入口阻力，选择合适的吸入高度，合理操作，正确调节。

3.5.1.2 离心泵的主要部件及材料

（1）离心泵的主要部件

离心泵的主要部件有叶轮、泵体、轴、轴承、吸入室、排出室、密封装置等。

离心泵的叶轮是对流体作功的部件。叶轮在泵体内由泵轴的带动下高速旋转，使流过泵的液体获得能量。也就是说通过叶轮的高速旋转把机械能传给流体，使流体获得很高的动压能。叶轮通常是用铸铁、铸钢、合金钢或防腐蚀的不锈钢等制造。

离心泵的泵体接受从叶轮排出的流体，同时将流体的动能转化为压力能。泵体多采用铸铁、铸钢或合金钢制造。

离心泵吸入管接头到叶轮进口前的空间部分叫吸入室。液体只有经过吸入室才能流入叶轮。在液体流入叶轮前，它的流动状态应保持平稳，要有均匀的分布和最小的流动损失。旋转的泵轴和静止的泵体间有轴密封。轴封是为了防止流体从泵中漏出或外界空气漏入泵体而设计的。轴承是支撑转子的部件，同时承受径向和轴向载荷，分为滑动轴承、滚动轴承、止推轴承等。

（2）离心泵轴向力的产生和消除

叶轮两侧的液体压力不对称就会产生力。液体从叶轮入口流到出口，因流体的流动方向由轴向变径向以及叶轮两侧的液体压力不平衡，所以在叶轮上产生轴向推力。

由于轴向力的作用，可以使叶轮产生位移，改变了叶轮和流道的同比度，使流量减小，扬程降低，严重时叶轮和泵体发生摩擦，导致发生设备事故。

消除轴向力的方法有如下几种：

a. 单级泵可在叶轮上开平衡孔；

b. 多级泵将叶轮对称安装；

c. 安装平衡盘；

d. 采用平衡管平衡掉各叶轮间的压力。

（3）离心泵的泄漏

离心泵的泄漏分为内漏和外漏。由于叶轮和泵体间的间隙存在，叶轮出口处的高压液体就会向低压处流动，由此造成的泄漏叫内漏。

外漏是在设备外表可以看见的泄漏。泵主要是旋转的泵轴和静止的泵体间的间隙存在造成外漏。外漏降低了泵的效率，增加了能量消耗，严重时也可引起事故，所以要采用密封的方法消除间隙。

（4）填料密封

填料密封是离心泵在密封中用得较多的一种密封型式，填料密封是由轴套、填料环、填料、填料压盖、双头螺栓和螺母组成。它是由填料和轴的外表面紧密接触来实现密封的。在正常运行时，必须用压盖将填料压紧，才能不至于使液体从泵轴处泄漏。但也不能压得太紧，否则轴和填料地摩擦增加，严重时会发热冒烟。材料一般为石墨、黄油浸过的棉织物品，如石棉、聚乙烯四氟等。

一般填料密封泄漏量标准规定为 6 滴/min 以下。填料密封的结构很简单，使用时也比较方便，但使用寿命短，需随时维护。

（5）机械密封

机械密封是由两个和轴垂直的相对运动的密封端面进行密封的，所以也叫端面密封。端面密封是由动环(旋转环)和静环(不动环)组成。一般制造这两个环所用的材料硬度不同：一种材料硬度较低，如石墨或石墨填充剂，要有充分的自润滑性；另一种材料的硬度较高，如钢、堆焊硬质合金、陶瓷等。另外，也有用橡胶或塑料制成不同形状的密封圈，它既可密封，因具有弹性又可吸收轴向力。

动环和轴一起转动，动环密封圈阻止动环和轴之间的泄漏，它也和轴一起转动。静环固定在泵体上，静环密封圈阻止静环和密封压盖的泄漏。动环和静环是由弹簧的弹力将两环紧密接触。运行时两环间形成一层很薄的膜，这层膜起到平衡压力，润滑和冷却端面的作用。这种液体冲洗通常采用自冲洗。对于温度高、颗粒大、杂质多、黏度高的介质采用外冲洗。保持冲洗液的畅通，是提高机械密封寿命的有效途径。

机械密封的密封性能好，泄漏量少，使用寿命长，轴和轴套不易受到损坏，功率消耗小，泵的效率比较高。

3.5.1.3 二段加氢反应进料泵

汽油加氢装置的二段加氢反应进料泵为两台，一开一备，均由电动机驱动。其作用是将一段加氢反应器底部的液体用泵打进二段加氢反应器，中间经过换热和加热炉。该泵型号为 2WTF－87，属 7 级扩散式离心泵，其结构见图 3－24，技术特性见表 3－18。

表 3-18　某装置二段加氢反应进料泵技术特性

流量范围/(m^3/h)(设计值)	23.6~25.2(28)	泵转速/(r/min)	2950
泵温正常/℃(最高值)	81~128(185)	泵效率	0.59
相对密度	0.783~0.733	制动功率/kW	32.5
吸入压力/MPa	2.64	驱动功率/kW	45
排出压力/MPa	5.0	电动机 TIKK-FCKX	输出功率 45kW 转速 2950r/min 380V 50Hz
有效净吸入压力/MPa	3.9		
泵壳试验压力/MPa	9.6		

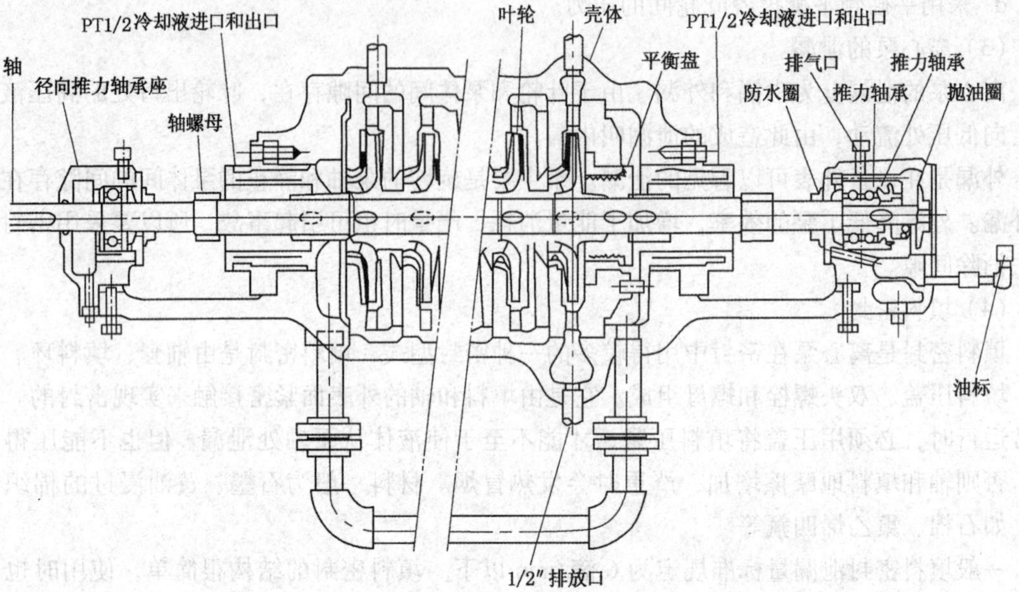

图 3-24　某装置二段加氢反应进料泵剖面结构图

(1) 结构特点

① 泵壳

水平剖分式。吸入口、排出口以及泵座与下半壳体浇铸成一个整体。刚性较好，同时上壳体装拆方便，便于检查内件。吸排管上设有各种排净接管，停车时可将壳体内余液排净。

② 叶轮、轴和耐磨环

叶轮为单端吸入封闭式，共有 7 级，它们串联地装在轴上，第一级叶轮靠轴上的凸肩定位，其余叶轮借助于轴槽地连锁卡环定位，各叶轮具有相同的机械性能和水力性能，各个叶轮前都装有多叶式扩压器。叶轮和扩压器装有耐磨环，防止扩压器和叶轮磨损。装配时，所有扩压器回流道及级间隔板等固定内件都要彼此沿轴向销住，以免转动，而且沿圆周环槽内配 Viton 唇式密封环，以防止各级之间渗漏。回流道体的凹槽内装带状泰氟隆带，作级间密封，防止叶轮背部泄漏。

③ 平衡装置

造成叶轮的轴向力由平衡盘来抵消。平衡盘背面空腔与泵的吸入腔由连接管相通。

④ 机械封

采用皮拉 BB81-K7 型机械密封。

⑤ 轴承

采用重型外装式滚动轴承。外侧为背靠背装的推力轴承(SKF7405BDB)，外圈为轴承箱盖和推止环固定，防止轴向位移，内侧为径向轴承(SKF6307)，外环不卡死，可作轻微转动。止推轴承箱的油槽有冷却夹套，用水冷却，用抛油环润滑。

⑥ 联轴器

齿轮联轴器。

(2) 主要零件材质及装配技术要求(见表3－19)

表3－19 主要零件材质及装配技术要求

壳体(上、下)	SC49	扩压器	SC49
叶轮	SC49	平衡盘	SUS420Jz
耐磨环	SUS420Jz	联轴器	S45C
轴	SCM4	隔板	SC49
轴套	SUS304	轴锁母	SUS420Jz

壳体耐磨环内径/mm	叶轮耐磨环外径/mm	耐磨环径向间隙/mm
104.869～104.775	104.420～104.385	0.484～0.355
平衡盘室内径/mm	平衡盘外径/mm	平衡盘径向间隙/mm
98.450～98.425	98.220～98.195	0.225～0.205
轴跳动量/mm	叶轮跳动量/mm	叶轮动平衡重量偏心/mm
<0.03	<0.05	<0.005

(3) 操作维护注意事项

a. 找正时，要考虑到泵输送热介质时的热补偿。

b. 启动备用泵时必须预热到接近操作温度。

c. 启动前必须注液，以免内件损坏。

d. 启动前必须用手盘动几转，使轴承充分润滑。

e. 输送热介质时，不得小流量转动，尤其不可在关闭或近于关闭时的条件下运行，这样会使泵因介质过热而损坏。

f. 耐磨环间隙超过原间隙的2倍时应更换。

g. 平衡盘径向间隙增加5%时，应更换。

3.5.1.4 离心泵的运行

(1) 离心泵运行前的准备工作

检查泵出、入口管线上的阀门、法兰地脚螺栓、联轴器、温度计和压力表等，具体应做到：

a. 检查泵的情况，先盘车，听是否有杂音，看是否灵活。

b. 打开入口阀，排出泵体内的气体，给泵内充满所要输送的液体，再关死出口阀。

c. 加好润滑油或润滑脂。

d. 供上冷却水，打开压力表，看是否灵敏。

e. 检查安全设备如联轴器罩、接地线等。

f. 对热油泵看预热情况，使泵体温度不能低于介质温度的40℃。

g. 给泵电机送电，与各有关岗位、有关单位联系，准备开泵。

(2) 离心泵的启动及正常操作

a. 准备工作经检查无问题后可启动泵。启动后应注意电流表、泵转向、压力表、泄漏等情况，一切正常后再慢慢打开出口阀(未打开出口阀前泵运转不得超过3min，否则液体在泵内强制循环后温度升高，液体汽化会产生气蚀抽空等现象）。

b. 检查泵的轴承温度，一般温升小于40℃，电机温升小于40℃。

c. 可用泵出口阀门调节流量，但不宜长时间使用。

d. 观察出口压力表、电流表的波动情况。

e. 检查泵的运行、振动、泄漏情况。

f. 检查泵冷却水的供应情况，润滑油液面的变化情况。

g. 压力表量程至少高出泵出口压力0.05～0.1MPa。

h. 定期更换润滑或润滑脂，保证泵在良好的状态下工作。

（3）离心机的异常现象处理

① 离心泵启动时的轴向窜动现象

离心泵的转子位置是固定的，要求叶轮入口和导叶中心一致，不得与泵体发生摩擦。对装有平衡盘的泵，平衡盘可以起到平衡轴向力的作用，由于能调整轴向力，就可以使叶轮在很小的范围内做轴向移动。

泵在启动时，由于平衡盘没有发挥作用，有可能短时间发生窜动，一旦运行正常后，这种窜动也就自动消失了。

② 离心泵生产能力降低的原因分析

a. 吸入管线内有气体或有堵塞，造成管路不通或吸入液体不连续。

b. 泵体内存有气体。

c. 叶轮损坏，吸不上液体，或流道堵塞。

d. 吸入液体的黏度太大。

e. 泵的吸入高度低，吸入压力低。

f. 泵体、口环损坏。

③ 离心泵出口压力低的原因

a. 泵的运行方向不对，反相。

b. 由于液体黏度太大，使泵的上量不好。

c. 泵的叶轮或口环磨损严重。

d. 吸入液体的压力太低，或有气蚀现象。

④ 离心泵电动机电流超高的原因

a. 填料压盖拧得太紧。

b. 叶轮和泵体间可能有摩擦。

c. 泵轴与电机轴不同心，运行时不平稳。

d. 泵的口环有磨损。

e. 润滑情况不好，形成干磨。

f. 液体相对密度或黏度太大，负荷太高。

g. 工艺超负荷。

⑤ 离心泵在最小流量情况下运行会发生哪些现象

a. 泵内液体温度升高。

b. 泵会发生振动，产生噪音。

c. 泵长时间在小流量下运行还会使部分液体汽化，产生气蚀，造成泵不上量等故障。

d. 泵的效率降低，能量消耗增加。

⑥ 离心泵启动时造成超负荷运行的原因

a. 动、静环的密封面接触不好，密封圈的密封性能不好，轴有槽沟、表面有腐蚀等。

b. 较长时间抽空后密封圈坏，弹簧断。

c. 弹簧比压过大，密封表面的强度不够，材质不好。

d. 操作不稳波动较大，泵振动。

e. 没盘好车就启动泵。

f. 出口阀打开后启动泵。

(4)离心泵的日常巡检

a. 检查润滑油位应在 1/2 ~ 2/3 处，轴承温度不大于环境温度 40℃，润滑油不能有乳化、变质。

b. 检查轴承的运转情况，听是否有异常声音。

c. 真空表、压力表的指针要平稳，电流表的电流要稳定。

d. 泵和电动机的地脚螺栓要牢固，泵体不能发生振动。

e. 检查密封是否正常，漏滴少于 6 滴/min 为正常。

(5) 离心泵的故障及处理

离心泵在运行中可能会出现各种故障，表 3 – 20 列举了一些在运行中容易发生的问题及处理方法。

表 3 – 20　离心泵的一般故障及处理

故障的现象	处理故障的方法
开泵时发现扬程小	改变安装高度，或降低装置扬程或换泵
入口管线或填料漏气	检查入口线，堵塞漏气处，扭紧填料压盖，保证密封，也可涂少许黄油
泵的转向反向	改变转向，请电工帮助处理
泵的转数太低	检查电压是否符合要求的电压，传动部分是否正常，对检查的问题对症处理
泵的流道堵塞	清理入口池的杂质，停泵拆开后疏通流道，清除异物
叶轮口环磨损太大	修理、更换备件，查磨损原因
泵安装太高，吸入阻力大，产生气蚀	降低安装高度，减小吸水阻力，避免产生气蚀的原因
多级泵的平衡装置磨损严重	修理、更换
叶轮气蚀严重	更换叶轮，查产生气蚀原因，对症处理
泵轴弯曲、轴承磨损严重	矫直泵轴，更换轴承
填料太紧，轴发热	松填料
两联轴器间隙太小，运行二轴相顶	调整间隙
叶轮盖板或中段相磨	修理或更换叶轮盖板
流量太大，大大超出工艺范围	提高扬程，关小出口阀，再不行可换泵
泵入口真空度超出允许吸入真空度	降低泵的安装高度，减少吸入阻力损失
泵内旋转零件有磨损	检查原因，清理泵内
吸入池内有旋涡把空气吸入泵内	增加泵入口线的淹没深度，加消旋器
叶轮平衡孔堵，使泵轴向力不平衡	清除平衡孔堵塞的杂物
填料室和轴不同心	改正，使其同心

3.5.1.5 离心泵的检修

(1) 离心泵小修的内容

a. 检查泄漏情况，找出泄漏原因，再进行必要的修理。

b. 消除管路上法兰的泄漏。

c. 校正泵轴与电机轴的同心度。

d. 检查轴承，发现问题后及时进行修理或更换。

e. 对于有问题的零部件须进行维修或更换。

f. 更换润滑油。清扫冷却水系统、润滑油系统和封油系统的管路及设备。

(2) 离心泵大修的内容

a. 含小修的全部内容。

b. 解体泵，检查所有的零部件，看磨损腐蚀情况进行维修处理。

c. 检查轴套、轴承、填料箱、减压环、封油环、叶轮等，视情况进行维修。

d. 做转子的动平衡检查和静平衡检查。

e. 检查轴同心度、弯曲度。

f. 测泵体的水平度。

g. 根据检查、测试情况，绘制有关部件的图纸。

(3) 安装机械密封

a. 确定机械密封传动座的固定位置。

b. 如带有轴套，须先确定轴套位置，再把传动座固定在轴套上。

c. 把机械密封的静止部分和旋转部分组装好。

d. 把密封端盖装在密封体内，并用螺丝把紧。

(4) 机械密封漏的原因分析

a. 动环、静环密封面的接触不好，有间隙，或者发生形变。

b. 密封端面的比压过大，或输送介质的压力过大。

c. 密封圈材质不良，制造有误差，安装时的精度低。

d. 泵轴或轴套有槽沟，轴套不干净。

e. 弹簧弹力小。

f. 启动方法不对，造成密封环坏。

(5) 离心泵的平衡盘的作用

a. 平衡盘可平衡轴向推力。

b. 平衡盘起转子轴向定位作用。

c. 平衡盘在运行时的间隙为0.1~0.2mm。

d. 平衡盘间隙过小，转子会向泵出口方向窜动，使叶轮与导叶不对中。

e. 平衡盘间隙过大，工作时因平衡盘要自动维持0.1~0.2mm的间隙，转子向泵入口方向窜动，引起叶轮、导叶不对中。

f. 一旦平衡盘的间隙发生变化，须及时维修或更换。

(6) 离心泵检修后试车的注意事项

a. 试车前加好润滑油。

b. 盘车正常，检查确认电机转向。

c. 试车须载负荷运行。

d. 滑动轴承及滚动轴承温度不高于环境温度40℃，且≤70℃。

e. 检查前后轴承的振动情况。

f. 检查填料是否有压得过紧过松现象。

g. 检查转子各部位有无杂音。

h. 冷却水、润滑油、封油畅通，无泄漏。

i. 流量、压力平稳。

3.5.2 真空泵

真空泵一般是从负压下抽气，在大气压下排气的输送机械，其目的是造成并维持工艺系统所要求的真空度。普通的通风机和鼓风机仅能维持几十帕到上千帕的真空，对于若要维持较高的真空度，就需要专门的真空泵。炼油和石油化工生产中常用的真空泵有往复真空泵、水环真空泵、刮板真空泵和喷射真空泵。下面我们介绍一下加氢装置的喷射真空泵。

喷射真空泵属于流体作用式机械，它是利用高速流体射流时压力能向动能转换所造成的真空来吸送流体的，既可用来吸送气体，也可用来吸送液体。喷射泵的工作流体如果是蒸汽，则为蒸汽喷射泵；工作流体如果是水或其他液体，则称为水或液体喷射泵。加氢装置的喷射泵一般为蒸汽喷射泵，其结构为单级蒸汽喷射泵，工作蒸汽在高压下以1000～1400m/s的高速度从喷嘴喷出。在喷射过程中蒸汽的压力能转变为动能，产生低压，将气体吸入。吸入的气体与蒸汽混合后进入扩散管，速度逐渐降低，压力随之升高，而后从压出口排出。

喷射泵的优点是抽气量大，工作压力范围广，结构简单，没有活动部件，制造方便，适应性强，可抽吸含有灰尘以及腐蚀性、易燃、易爆的气体等。其主要缺点是蒸汽消耗量大，效率很低，一般只有10%～25%。单级喷射泵一般可产生绝对压力为0.013MPa左右的低压，即造成90%左右的真空度。若要得到更高的真空度，可采用多级喷射泵。

3.6 奥氏体不锈钢设备的化学中和处理

当奥氏体不锈钢暴露于某些物质中时，如连多硫酸（由硫化铁暴露于潮气中形成）和潮湿氯化物，会遭受腐蚀而破裂。所以，对氢气预热器、二段加氢反应器壳体要进行碱中和。

停车时，如计划中不准备打开不锈钢设备，它应保持干燥，并用氮气彻底置换，保持封闭，热交换器的壳程和管程都应隔离与其相连的设备，以防停车期间水分扩散。当倒转“8”字盲板时，应维持微正压的氮气排放。

洗涤设备的步骤如下：

a. 提供足够大容器一只，以制备碱液，准备一台用于循环碱液的泵。

b. 在容器中将碳酸钠配制成0.01～0.02kg/kg的溶液，也可以加湿润剂，以便湿润设备内表面。使用软管，把配置好的碳酸钠溶液打到要洗涤的容器里。

c. 当要洗涤的设备温度低于66℃时，应加热到要求的温度，并用溶液充满，液体要保留到洗涤完成为止，溶液在换热器内至少要保留两小时。

d. 洗涤后用脱盐水或蒸汽凝液放入设备中冲洗，然后将设备内的水排尽，并用氮气吹干保护。

第4章　裂解汽油加氢装置的添加剂和催化剂

4.1　催化剂

4.1.1　国内常用的裂解汽油加氢催化剂

近年来，我国的乙烯工业得到了前所未有的发展，乙烯产量逐年提高。2006年，我国乙烯生产能力达到近9910kt/a，预计2010年我国乙烯总生产能力将突破17000kt/a。届时，作为乙烯装置重要副产品的裂解汽油产量必将有大幅度的增加。而以裂解汽油加氢催化剂为核心的加氢技术是加氢领域中的一个重要分支，在蒸汽裂解制乙烯技术的后处理中占举足轻重的地位。

(1) LY系列裂解汽油加氢催化剂

兰州石化研究院自20世纪60年代初就开始裂解汽油一、二段加氢催化剂的研制，先后有LY-7051、7701、7901、8601、8602、9301、9302、8602C、9702、9801、9802等多个牌号催化剂投入工业应用，并曾占领了该领域80%以上的国内市场。

开发的一段加氢催化剂具有对油品适应性强，抗毒物能力强等特点，成功地替代了进口催化剂；二段加氢催化剂具有加氢活性高，芳烃损失低，氢耗量少，结焦速率慢，操作弹性宽，寿命长等特点，其加氢性能达到并超过国外同类催化剂水平。

兰州石化研究院研制的裂解汽油加氢催化剂第一代一段加氢催化剂LY-7051曾成功地满足了兰化石油化工厂高双烯、高胶质裂解汽油原料的加氢要求。在上海金山小乙烯装置投用后，可连续运行2~3年不再生；LY-8601催化剂1989年首次成功用于上海金山300kt/a乙烯装置，并先后有多个牌号的裂解汽油一段加氢催化剂实现了工业应用。

兰州石化研究院开发的裂解汽油加氢催化剂LY-8602，首次在扬子石化公司使用时，因其一段进口催化剂PGC活性下降导致一反产品双烯长期超标，最高可达7~8gI/100g油。而LY-8602催化剂处理此油品后，加氢产品指标全部合格，显示出其优于该装置曾使用过的进口剂和其他国产剂的优异性能。

进入90年代后，兰州石化研究院对加氢催化剂的研究主要针对国内的乙烯装置改扩建。通过提高催化剂的处理量来解决裂解汽油的增量问题，而对加氢反应器不做改动。兰州石化研究院根据国内油品性能和裂解汽油加氢装置工况，开发了适应高空速运行的LY-9801、LY-9802催化剂和具有抗焦质特点的一段加氢催化剂LY-9801B。

LY-9801催化剂在加氢活性及选择性两方面均优于LY-8601催化剂，用于处理裂解汽油C_6~C_8馏分，也可用于裂解汽油C_5~204℃全馏分加氢。该催化剂于1999年首次用于吉化有机合成厂后，已迅速扩展到各使用厂家，先后用于吉化有机合成厂、中原乙烯、茂名石化、北京东方化工厂、金山石化、扬子石化等的裂解汽油一段加氢装置。LY-9801催化剂能广泛适应于等温床、绝热床及绝热复合床反应器，包含了C_6~C_9馏分、C_6~C_8馏分、C_5馏分、C_5+C_9馏分和C_5~204℃全馏分加氢，取得了良好的工业应用结果。LY-9802催化剂对高、低硫都具有强的适应性，较高的活性，解决了困扰扬子乙烯、抚顺乙烯、中原乙烯等裂解汽油二段加氢装置因原料硫含量低，加氢产品不合格的问题。

2003 年兰州石化研究院对 LY－9801 在抗杂质、抗水、稳定性及对不同油品适应性方面做了大量的研究改进工作，见表4－1、表4－2。对二段加氢催化剂 LY－9802 的酸度、活性与结焦、稳定性的关系进行了研究(见表4－3、表4－4)，针对不同厂家的油品，对催化剂性能进行调整。

近几年来，兰州石化研究院在裂解汽油加氢催化剂方面做了较大改进，在原有的钯系选择加氢催化剂、钴－钼－镍加氢精制催化剂的基础上，又开发了 Ni 系裂解汽油加氢催化剂、高镍含量的高性能加氢催化剂，在裂解碳三、碳四、碳五、碳八、碳九加氢领域进行了大量研究工作，并成功地进行了工业化应用。

表 4－1 LY－9801 一段加氢催化剂物性指标及适应原料

项 目	指 标
外观	浅褐色三叶草条(氧化型)
尺寸/mm	$\phi(2.8\sim3.0)\times(3.0\sim20)$
比表面积/(m^2/g)	90 ±20
平均强度/(N/cm)	≥40
活性组分	Pd－D/Al_2O_3(D 为第二金属)
适应原料	
馏分	$C_6\sim C_8$
双烯/(gI/100g 油)	≤25
溴价/(gBr/100g 油)	≤60
胶质/(mg/100ml 油)	≤10
砷/(μg/kg 油)	≤30
硫/(mg/kg 油)	不含 H_2S 等无机硫
水	无游离水

表 4－2 LY－9801 一段加氢催化剂操作条件及产品指标

工艺条件	指 标	工艺条件	指 标
氢压/MPa	≥2.80	氢油比/mol	0.3～1.0(新鲜油)
LHSV(新鲜油) /h^{-1}	1.5～4.0(新鲜油)	产品双烯值/(gI/100g 油)	≤2.0
反应温度/℃	40～90		

表 4－3 LY－9802 二段加氢催化剂物性指标及适应原料

项 目	指 标
外观	蓝灰色三叶草条(氧化型)
尺寸/mm	$\phi(1.1\sim1.3)\times(3.0\sim20)$
比表面积/(m^2/g)	220 ±20
平均强度/(N/cm)	≥40
活性组分/载体	Co－Mo－Ni/Al_2O_3
适应原料	
馏分	$C_6\sim C_8$
双烯/(gI/100g 油)	≤2
溴价/(gBr/100g 油)	≤40
胶质/(mg/100ml 油)	≤5
铅/(μg/kg 油)	≤5
硫/(mg/kg 油)	≤600

表 4-4　LY-9802 裂解汽油二段加氢催化剂操作条件及产品指标

工艺条件	指　标	工艺条件	指　标
反应压力/MPa	≥2.8	产品溴价/(gBr/100g 油)	≤0.5
LHSV(新鲜油)/h^{-1}	2.1~4.0	产品双烯/(gI/100g 油)	≤0.2
入口温度/℃	280~360	产品总硫/(mg/kg)	≤1
氢油比/mol	2~4.0(新鲜油)		

(2) SHP 系列裂解汽油加氢催化剂

针对国内乙烯装置副产裂解汽油不同利用方案，中石化上海石油化工研究院先后开发成功用于一段选择性加氢的 SHP-01 系列催化剂和用于二段加氢精制的 SHP-02 系列催化剂。SHP-01 系列催化剂活性组分含量低，耐水、耐胶质和耐毒物等抗干扰性能良好，具有空速高、低温加氢活性和选择性高、稳定性好等特点。SHP-02 系列催化剂加氢活性稳定，起始反应温度低，可在高空速下运行；再生试验证明，催化剂物相结构稳定，可经受工业装置的重复再生。

2001 年初，上海石油化工研究院研制成功适用于 C_6 ~ C_8 馏分裂解汽油一段选择性加氢的 SHP-01 催化剂，于 2003 年 5 月，SHP-01 催化剂在中原石化 80kt/a 裂解汽油加氢装置成功实现工业应用(见表 4-5、表 4-6)。第一周期累计连续运转 34 个月，平均出口双烯值 0.41gI/100g 油。催化剂在运行期间表现出较强的原料适应性和抗干扰性，低温反应活性和稳定性好，综合性能优异。2006 年 3 月，该批催化剂进行了首次工业再生，再生后一段反应器入口温度从 70℃降至 37℃，接近新催化剂开车初期入口温度。产品双烯由再生前的 1.0gI/100g 油降至 0.5gI/100g 油以下。再生后运行半年，反应器入口温度基本无变化，产品的各项指标全部合格，体现了优良的再生性能。生产验证了 SHP-01 催化剂在低入口温度、低氢油比的条件下，双烯加氢活性和选择性高，催化剂低温反应活性和稳定性优于该装置曾使用过的国内外工业催化剂。在一段反应器未作改动的情况下，生产能力提高了 40%，催化剂综合性能达到国际先进水平。

2004 年初，SHP-01F 全馏分裂解汽油一段加氢催化剂在中石化广州分公司汽油加氢装置进行工业应用试验。该装置引进法国 IFP 的专利技术建成，采用全馏分一段加氢工艺。装置为原 11 万 t/a 乙烯的配套装置，2003 年乙烯扩能时汽油加氢装置未进行扩能改造。目前乙烯产能达 20 万 t/a，相应粗裂解汽油加工能力达到 15 万 t/a，因此要求催化剂能适应较高空速。一段反应器曾先后使用过两种牌号的进口催化剂。由于催化剂的运行周期、产品质量、反应空速均不够理想，无法满足高空速运行的需要，已成为装置生产的瓶颈。2004 年 12 月 23 日上海石化院研制的 SHP-01F 催化剂在广石化汽油加氢装置上投料开车成功，连续稳定运行 20 个月，催化剂可满足装置运行所要求的负荷，并曾达到过装置历史最高负荷(新鲜油进料量 25.0t/h，空速 3.75h^{-1})，明显优于同类进口催化剂同期运行水平，各项技术指标均达到该装置投产以来的最好水平，显示出催化剂优良的操作性能和稳定性。在广州分公司 150kt/a 全馏分裂解汽油加氢装置连续 16 个月的工业运转后，催化剂床层入口温度仍保持在 66~67℃，一反平均出口双烯值为 0.63gI/100g 油，平均双烯加氢率大于 90%，催化剂性能明显优于进口催化剂，成功替代进口。SHP-01F 催化剂和原采用的进口催化剂相比，可适应较苛刻的原料工况，具有空速高、低温双烯加氢活性和选择性高，耐水、耐胶质性能好、再生周期长等特点，使装置处理能力提高了 25%，解决了长期困扰生产的原料中含水高、催化剂活性下降快的问题，催化剂综合性能达到国际先进水平。

裂解汽油二段加氢催化剂 SHP-02 在 2005 年成功开发，针对国内部分乙烯装置采用低硫或无硫加氢尾油为裂解原料，出现过裂解汽油二段加氢催化剂在低硫或无硫状态下运行不佳的情况，开发了具有双峰孔结构，活性稳定、抗干扰性能更强，与 SHP-02 复配能更好地适应低硫原料运行的 SHP-02F 催化剂。2005 年 4 月 30 日，SHP-02/F 复配催化剂（上床层 SHP-02F 催化剂 1.725m^3，下床层 SHP-02 催化剂 5.175m^3）在中原 80kt/年裂解汽油加氢装置开车成功，运转 16 个月后，装置运行平稳，反应器入口温度 210~220℃，仍处于运行初期状态，二段反应器出口产品溴价低于 0.2gBr/100g 油。经过一年运行后，产品溴价均低于 0.2gBr/100g 油，硫含量低于 1mg/kg。结果表明：SHP-02/F 复合床催化剂具有优良的加氢和脱硫性能，芳烃损失少，简化了后续流程；在反应器未作任何改动的情况下加工能力提高约 30%，综合性能优于该装置曾使用过的国内外同类催化剂，达到国际先进水平。

表 4-5 SHP-01 系列一段加氢催化剂物性指标及适应原料

项目	SHP-01	SHP-01F	SHP-01S
外观尺寸/mm	ϕ(3.8~4.0)×1.3×(3.0~5.0) 拉西环	ϕ(2.5~2.7)×(2.5~3.0) 三叶草	ϕ(2.5~2.7)×(2.5~3.0) 三叶草
堆比重/(g/mL)	0.50±0.03	0.53±0.03	0.59±0.03
比表面积/(m^2/g)	150±20	80±15	65±10
平均强度/(N/cm)	≥35	≥45	≥45
催化剂体系	Pd/Al_2O_3	Pd/Al_2O_3	Pd/Al_2O_3
适应原料	C_6~C_8，C_5~C_8	C_5~200℃，C_6~C_8 C_5~C_8，C_6~C_7	C_5~C_8，C6~C_7

表 4-6 SHP-01 系列一段加氢催化剂操作条件及产品指标

工艺条件	SHP-01	SHP-01F	SHP-01S
氢压/MPa	≥2.70	≥2.65	≥2.65
LHSV(新鲜油)/h^{-1}	3.0~5.0	3.0~4.0	3.0~4.0
起始反应温度/℃	35	35~40	35~40
循环比	3.0~4.5	2.0~2.5	1.5~2.5
急冷比		1.0	1.0~2.0
产品双烯值/(gI/100g 油)	≤2.0	≤2.0	≤2.0

表 4-7 SHP-02 系列二段加氢催化剂物性指标及适应原料

项目	SHP-02	SHP-02F
外观尺寸/mm	ϕ(1.1~1.3)×(3~20)，三叶草	ϕ1.5~2.5，球型
颜色	蓝灰色	浅豆绿色
堆比重/(g/mL)	0.70±0.05	0.86±0.05
比表面积/(m^2/g)	230±30	120±30
平均强度/(N/cm)	≥40	≥40(N/粒)
催化剂体系	$Co-Mo-Ni/Al_2O_3$	$Mo-Ni/Al_2O_3$
适应原料	C_6~C_8，C_5~C_8，C_6~C_9 一段加氢产品； 硫含量：100~600mg/kg	C_6~C_8，C_5~C_8，C_6~C_9 一段加氢产品； 硫含量：80~600mg/kg
装填方式	100%	与 SHP-02 复合装填 SHP-02/SHP-02F=75:25

表 4-8　SHP-02 系列二段加氢催化剂操作条件及产品指标

工艺条件	SHP-02	SHP-02/F	工艺条件	SHP-02	SHP-02/F
反应压力/MPa	≥2.5	≥2.5	原料苯乙烯/%	<0.3	<0.3
LHSV(新鲜油)/h^{-1}	2.1~3.2	2.1~3.5	产品溴价/(gBr/100g 油)	≤0.2	≤0.2
入口温度/℃	220~320	210~320	产品双烯/(gI/100g 油)	≤0.2	≤0.2
原料双烯/(gI/100g 油)	≤2.0	≤2.0	产品总硫/(mg/kg)	≤0.5	≤0.5
原料溴价/(gBr/100g 油)	≤40	≤40			

(3) 其他裂解汽油加氢催化剂

YH-20 催化剂是由燕山石化研究院研制成功的一种新型一段加氢催化剂，其各类指标见表 4-9、4-10 所示。该催化剂采用特种 Al_2O_3 为载体，浸渍活性组分钯，对裂解汽油 $C_6 \sim C_7$，C_8 和 $C_6 \sim C_8$ 馏分选择加氢，对双烯烃加氢选择性好，烯烃饱和活性高。

表 4-9　YH-20 催化剂的物性指标

项　目	指　标	项　目	指　标
氧化钯含量/wt%	0.3±0.03	外观颜色	黄褐色
载体	Al_2O_3	堆密度/(g/ml)	0.6
形状	三叶草	比表面积(BET)/(m^2/g)	150

表 4-10　YH-20 催化剂的性能指标

加氢产物指标	双烯烃选择性>99%	
催化剂使用条件	反应压力	2.6~2.8MPa
	入口反应温度	50℃
	氢油比	60~80:1(体积比)
	进料空速	1~2h^{-1}
	循环比	3:1(循环料为 3)
	催化剂再生周期	>1 年
	催化剂寿命	>2 年

BY-5 催化剂是由燕山石化研究院研制成功的一种新型二段加氢催化剂，载体使用复合载体，使催化剂的活性组分分散均匀，提高其利用率。催化剂具有活性好、强度高、稳定性优等特点，特别适合用于轻质油品的加氢精制。其物性指标见表 4-11，性能指标见表 4-12。

表 4-11　BY-5 催化剂的物性指标

项目	BY-5A cat	BY-5B cat	项目	BY-5A cat	BY-5B cat
MoO_3/wt%	15±0.5	17±0.5	比表面积(BET)/(m^2/g)	>180	>180
NiO/wt%	7.5~8.0		压碎强度/(N/mm)	>18	>18
CoO/wt%		3±0.3	外形尺寸/mm	φ(1.5~1.6)×(5~10)	φ(1.5~1.6)×(5~10)
堆密度/(g/mL)	0.98~1.07	0.90~0.97			

表 4-12　BY-5 催化剂的性能指标

进料要求	馏分	$C_6 \sim C_8$
	双烯/(gI/100g 油)	<4.0
	溴价/(gBr/100g 油)	<40
	硫/(mg/kg)	<300

催化剂使用条件	空速 氢油比(氢气纯度)>85% 反应压力 反应器入口温度 催化剂再生周期 催化剂寿命	$2.4 \sim 4.5h^{-1}$ 300~500:1 ≥3.0MPa 220~300℃ ≥1 年 ≥3 年
加氢产品指标	溴价/(gBr/100g 油) 总硫/(mg/kg)	<0.5 <1.0

QSH-02 催化剂是中石化股份公司齐鲁分公司研究院开发成功的钯系贵金属选择加氢催化剂，适用于裂解汽油中不饱和烃的选择加氢工艺，其各类指标见表 4-13、表 4-14 所示。该催化剂具有机械强度高，活性和选择性好，稳定性高等特点，同时具有较强的耐硫性能，使用寿命长。该催化剂添加新型助剂对活性组分钯进行调变，改善钯的电子结构，提高了催化剂的活性、选择性及稳定性；采用独特的催化剂浸渍工艺，可使活性组分钯在催化剂表面形成厚度适宜、分布均匀的钯层，提高了催化剂的性能。

该催化剂于 2004 年 10 月在中石化股份公司齐鲁分公司烯烃厂 720kt/a 乙烯装置 3#裂解汽油一段加氢反应器工业运行 38 个月没有进行再生，入口温度始终保持在 42℃以下，产品质量完全达到指标要求，综合性能优于装置以前使用的国内外同类催化剂。2005 年在中石化股份公司齐鲁分公司烯烃厂 2#加氢装置一段加氢使用。

表 4-13　QSH-02 催化剂的物性指标

项　目	指　标	项　目	指　标
氧化钯含量/wt%	≥0.22	堆密度/(g/ml)	0.85±0.05
载体	Al_2O_3	比表面积(BET)/(m^2/g)	100~150
形状	条状	抗压碎力/(N/颗)	≥200
外观颜色	灰褐色		

表 4-14　QSH-02 催化剂的性能指标

加氢产物指标	双烯烃选择性>95%	
催化剂使用条件	反应压力 入口温度 氢油比 进料空速 循环比 催化剂再生周期 催化剂寿命	1.5~4.0MPa 35~75℃ 40~80:1(体积比) $\leqslant 5h^{-1}$ 3:1(循环料为 3) >1 年 >3 年

QLH-02 催化剂是中石化齐鲁分公司研究院、齐鲁分公司烯烃厂、齐鲁石化工程公司等单位合作开发成功的以改性碳化法氧化铝为载体，以钼-镍-钴为活性组分的新一代低温型加氢精制催化剂。该催化剂具有堆密度小、机械强度高、活性和选择性高、稳定性好、反应温度低、使用寿命长等特点。主要用于裂解汽油二段加氢精制，具有优良的加氢脱硫活性和烯烃饱和性能。该催化剂添加助剂改性碳化法氧化铝提高了催化剂载体的孔容、比表面，改进了催化剂的活性、选择性及稳定性，改进了成型工艺，提高了载体的机械强度，增强了催化剂结构稳定性。活性组分优化及催化剂浸渍工艺改进，使活性组分在催化剂表面分布均

匀，提高了催化剂的性能。

1999 年第一代 LH－02 催化剂应用于中石化股份公司齐鲁分公司烯烃厂300kt/a 乙烯装置裂解汽油二段加氢装置，满足了装置生产要求，使用寿命 4 年 3 个月。2005 年改进型的 QLH－02 催化剂应用于齐鲁石化股份公司烯烃厂450kt/a 乙烯装置 2#裂解汽油二段加氢装置，其烯烃加氢饱和活性、加氢脱硫活性和稳定性好，产品质量完全达到指标要求(见表 4－15～表4－17)。该催化剂比国内外同类催化剂装填量减少，硫化时间缩短，反应器入口温度低，氢耗降低，空速提高，运行平稳。装置短期检修可免再生，免硫化直接开工，节能降耗效果明显。

表 4－15　QLH－02 催化剂的物性指标

项　目	QLH－02	项　目	QLH－02
外观尺寸/mm	ϕ(1.9～2.1)×(3～15)三叶草条	堆密度/(g/ml)	0.60±0.05
颜　色	蓝灰色	比表面积/(m^2/g)	≥220
催化剂体系	Mo－Ni－Co/改性 Al_2O_3	平均压碎强度/(N/cm)	≥150

表 4－16　QLH－02 催化剂对加工原料的要求

馏　分	C_6～C_8、C_5～C_8、C_6～C_9、C_5～C_9	馏　分	C_6～C_8、C_5～C_8、C_6～C_9、C_5～C_9
双烯/(gI/100g 油)	≤2	铅/(μg/kg)	≤5
溴价/(gBr/100g 油)	≤40	砷/(μg/kg)	≤30～600
胶质/(mg/100ml 油)	≤10	硫/(mg/kg)	60

表 4－17　QLH－02 催化剂使用条件及加氢产品指标

催化剂使用条件	空速	2～4h^{-1}
	氢油比(氢气纯度)>85%	400～800:1
	反应压力	1.5～4.0MPa
	反应器入口温度	220～320℃
	催化剂再生周期	≥2 年
	催化剂寿命	≥4 年
加氢产品指标	双烯/(gI/100g 油)	<0.2
	溴价/(gBr/100g 油)	<0.5
	总硫/(mg/kg)	<1.0

表4－18、表4－19 列出了 QLH－02 二段催化剂与同类催化剂装填量、入口温度比较数据。其中催化剂 A、B、C、D 为齐鲁石化烯烃厂裂解汽油加氢装置曾经或现在使用的催化剂。

表 4－18　QLH－02 催化剂与同类催化剂装填量比较

催化剂	装填量/t	相对节省率/%	催化剂	装填量/t	相对节省率/%
QLH－02 新型催化剂	4.2	0	国产催化剂 C	5.7	26.3
国产催化剂 A	5.4	22.2	进口催化剂 D	8.0	47.5
国产催化剂 B	5.7	26.3			

表 4－19　QLH－02 催化剂与同类催化剂入口温度比较

催化剂	入口温度/℃	相对温度降低/℃	催化剂	入口温度/℃	相对温度降低/℃
QLH－02 催化剂	260	0	国产催化剂 C	277	17
国产催化剂 A	285	25	进口催化剂 D	300	40
国产催化剂 B	290	30			

由对比数据可以看出，使用 QLH－02 催化剂比国内外同类催化剂装填量可节省 22.2%～47.5%，反应入口温度可降低 17～40℃。

QLH－02 催化剂具有装填量少，节省能源，再生周期长，装置检修可免再生免硫化直接开工的特点，具有明显的经济效益。

（4）一段镍系催化剂

镍系催化剂（见表 4－20）是由英国生产的一种以氧化铝为载体的镍系催化剂，其特性如下：

① 活性镍高度分散；

② 孔径大而晶体尺寸小；

③ 载体低酸性导致低聚合；

④ 物理强度高；

⑤ 磨耗低；

⑥ 三叶形，外表面积大；

⑦ 床层可用密集装填法或布袋装填法；

⑧ 孔隙率高。

表 4－20　镍系催化剂的物性指标

化学成分		孔容/(ml/g)	0.40
Ni/(wt)%	12～14	堆密度/(kg/m^3)	770～800
氧化铝	合适比例	颗粒平均长度/mm	3
RPS	1～2%硫	颗粒平均抗压强度/(N/mm)	20
物理特性		磨耗(LOA)/(wt)%	≤1
外观	三叶挤压状	粉末含量/(wt)%	≤0.75
常规尺寸/mm	2.5	孔径/nm	14
BET 表面积/(m^2/g)	100	晶体尺寸/nm	2.2

镍系催化剂最大的特点是对其表层进行了硫化处理，外表层的硫化镍不仅保留了镍的活性中心，而且改进了催化剂的活性和选择性能。如果对催化剂整体进行硫化处理，则催化剂晶粒内部也生成了硫化镍，但它没有加氢活性，故不能使用。镍系催化剂具有更多的活性中心和更高的分散性，这意味着尽管该催化剂具有更多的活性中心，但相隔距离却拉大，反应分子间的相互作用减弱，这样的结构可避免反应中间体的相互作用而形成较大的聚合物。镍系催化剂孔径为 14nm，其他同行催化剂孔径一般为 4.5nm，这样的大孔径可使反应后的产物更容易从催化剂表面移至液流中，缩短了停留时间。

镍系催化剂是一款性能卓越的催化剂其产品优势有：

① 活性提高可降低操作温度，延长催化剂寿命；

② 低的操作温度有利于提高加氢催化剂的选择性；

③ 副反应及聚合物形成降至最低点；

④ 沟流降至最低点；

⑤ 产品沾污降至最低点；

⑥ 压降达到最低点，床层空隙率高；

⑦ 处理的原料范围很宽，既可对全馏分、又可对中心馏分加氢。

镍系催化剂在性能上非常优越，在价格上也比钯催化剂便宜 1/3 左右。下面我们对镍系催化剂和钯催化剂进行比较，更能体现其优越性(见表4－21)。

表4－21　镍系与钯催化剂比较

	镍系催化剂	钯催化剂
耐硫能力	好	差
双烯转化率	好	好
选择性	好	不稳定
抗氮能力	好	好
抗砷能力	好	差
寿命	比钯催化剂长	对原料依赖性很强
每公斤双烯耗催化剂成本	是钯催化剂的一半至1/3	

从表中我们可以看出镍催化剂无论在成本还是在性能上都比钯催化剂具有优势，现在有取代钯催化剂的趋势，同时也是国内催化剂研究发展的方向。

4.1.2　催化剂的作用

一个化学反应由于局部物质的参与，使其反应速度发生变化，这种反应称为催化反应，局部物质称为催化剂。这种由于催化剂的存在而使反应速度改变的现象称作催化作用。

按照普遍的说法："催化剂是能够改变化学反应速度而本身并不能参加到反应最终产物中去的任何物质。"对此定义，需要说明以下几点：

① 催化剂可以是一种物质，也可以是由几种物质组成的体系，有时甚至是一个复杂的体系。

② 催化剂能影响热力学上可以进行的反应过程，具有加速和定向作用。对于热力学上不能进行化学反应，催化剂亦无能为力。

③ 对于可逆反应来说，催化剂同时改变正逆两个方向的反应速度，而不改变化学平衡，就是说正反应的催化剂必然也是逆反应的催化剂。催化剂改变反应速度的原因是因为催化剂的存在，改变了反应历程，降低了反应的活化能。

④ 化学反应前后，催化剂的化学性质和数量不发生变化。在实际生产中，我们常会遇到催化剂在化学组成或表面结构上发生变化的情况，但这些变化都不是由于参与化学反应所直接引起的。

⑤ 催化剂是有选择性的，某种催化剂只能加快某一类反应，生产中可以充分利用催化剂的这一特性。对于同样的反应原料，采用不同的催化剂和不同的工艺条件，可以得到不同的反应产物。

4.1.3　催化剂的组成

由于裂解汽油中含有较多的双烯烃和苯乙烯很容易发生聚合结焦，工艺上广泛采用两段加氢的方法，这样双烯烃变成单烯烃的反应可以在比较缓和的条件下进行。

目前汽油加氢装置中催化剂基本上分为两个类型：一类是一段反应器采用的钯或镍催化剂(Pd、Ni/Al_2O_3)；另一类是二段反应器采用的钴－钼－镍催化剂($Co-Mo-Ni/Al_2O_3$)。

$Co-Mo-Ni/Al_2O_3$催化剂在使用的时候要进行预硫化。如果不进行预硫化，催化剂的活性和选择性都不能满足生产要求，该催化剂在预硫化之后，其活性组分变化成Ni_3S_2、Co_3S_2和MoS_2，催化剂活性和稳定性都明显增加。如果不进行预硫化，在315℃以上与氢气接触时，会造成永久性失活。

Pd/Al_2O_3催化剂在使用之前须进行氢活化。由于反应需要的温度较低，可以使裂解汽油在液相状态下进行加氢，是比较理想的一段加氢催化剂。但这种催化剂对多种金属都比较敏感，特别是砷。一般进料中的砷含量超过 50μg/kg 时，就要考虑催化剂的砷中毒问题。另外，在处理事故时应优先考虑如何保护催化剂的问题，只有使用和保护好催化剂才能保证整个装置的长周期稳定运转。

4.1.4 催化剂的性能指标

(1) 空速

空速是衡量反应原料在催化剂床层停留时间的一个物理量。空速有两个表达形式，即体积空速和重量空速。

$$体积空速 = \frac{进料量(m^3/h)}{催化剂体积(m^3)}$$

$$重量空速 = \frac{进料量(t/h)}{催化剂重量(t)}$$

(2) 氢油比

氢油比是加氢反应中的一个重要指标，常用的表达方法有两种，即体积比和分子比。

体积比指氢气流量换算成标准状态下的体积流量与液态原料的体积流量之比。

$$氢油体积比 = \frac{氢气流量(Nm^3/h)}{进料量(m^3/h)}$$

分子比是指循环氢中纯氢的摩尔流量与原料油摩尔流量之比，即

$$氢油分子比 = \frac{氢气流量(m^3/h)}{进料量(kg/h)} \times \frac{M}{22.4}$$

其中 M 为进料油品的平均相对分子质量；氢气流量应为 Nm^3。

(3) 催化剂的活性

活性是指催化剂加速化学反应的能力。简单地说催化剂可使反应的活化能降低，所以能改变反应的速度。此时，催化剂的存在能影响热力学上的反应过程，具有加速和定向的作用，以需要活化能较小的过程进行。

催化剂的活性通常用原料的转化率来表示，即在反应条件(温度、压力、催化剂等)下，单位时间内原料转化的百分数。转化率高表示催化剂活性好。

$$原料转化率 = \frac{发生反应的原料量}{参加反应的原料量} \times 100\%$$

(4) 催化剂的选择性

在反应体系中，一定条件下反应可以按热力学可能的几个方向进行，由于某种催化剂的存在，其中一个反应方向明显加速。这种专门对某一特定化学反应起加速作用的性能，称为催化剂的选择性，它是衡量催化剂性能的重要指标。简单地说，选择性是催化剂促进化学反应向主产物方面进行的能力，即

$$催化剂的选择性 = \frac{生成主产物消耗的原料量}{发生变化的原料量} \times 100\%$$

选择性和活性是衡量催化剂性能的重要指标。因为活性指标只能反映原料转化的多少，而不能说明主产物生成多少，所以评价催化剂性能需将这两个指标综合考虑，生产中以产物的单程收率来表示。三者之间的关系如下：

$$产物的单程收率 = 原料的转化率 \times 催化剂的选择性 = \frac{生成主产物消耗的原料量}{参加反应的原料量} \times 100\%$$

(5) 催化剂寿命

催化剂从开始使用到活性下降需再生的时间为再生周期。催化剂的使用期限叫催化剂的使用寿命。根据催化剂活性随使用时间而变化可画一条催化剂的活性曲线，一般分为下列三个阶段：

① 诱导期和成熟期　指大多数催化剂在开始使用时，其活性逐渐升高，继而达到使用水平的一段时间。

② 稳定期　指催化剂保持其活性不变或稍有改变，若操作条件适宜，则反应速度较稳定的时间。此段时间的长短对不同的催化剂和不同的反应差异很大，有的短至数分钟，有的长至数周，甚至达数月、数年。

③ 衰退期　指活性下降而最终失活的时间。

催化剂寿命有两种表示方法：

催化剂寿命可采用每千克催化剂从开始到终止所处理的原料量来表示，即

$$催化剂寿命 = \frac{累计进料量(m^3)}{反应器的催化剂装填量(kg)}$$

催化剂寿命也有用时间来表示。这种表示方法指在规定的操作条件下，催化剂能够维持生产的总的时间，一般用年表示。

4.1.5　催化剂的装填

4.1.5.1　催化剂的装填要求

(1) 装填前的准备工作

a. 进入反应器前务必检查反应器内氧气浓度，使用防护用品，以防窒息死亡。要查看罐内是否干净，保证安装在罐底部的格栅、金属丝网位置正确、牢固。在罐内工作应使用绳梯、踏脚板等工具。装填催化剂应均匀一致，否则在运行时会产生沟流。核对并记录所装填的催化剂的体积，最后安装人孔。

b. 核对所装填的催化剂的品种、容积是否符合规定。检查催化剂内是否有细粉或碎颗粒，否则要过筛除去，以防止引起沟流。

c. 检查工作人员在罐中使用的容器(吊桶)或帆布袋、脚手架、绳梯、照明灯具、防尘口罩和防护眼镜等。

d. 联系好吊装作业的吊车、起重工，以及内件安装施工人员。

e. 电偶若设套管，要联系好仪表人员在装填过程中配合安装电偶。

f. 工艺管线与反应器隔离。

g. 反应器内有机物、氧含量分析合格。

h. 注意天气变化。

(2)催化剂装填的具体要求

a. 在装填催化剂前，应将反应器内铁锈和其他污物清除干净。

b. 装填应使用吊桶、布袋、漏斗和液槽或管道，并保证催化剂自由下落高度不大于60cm。

c. 在装填时，可将护板放在催化剂上以防止人的踩踏。

d. 在堆放催化剂时，要使催化剂分布均匀。

e. 防止催化剂等物品从高处坠落砸坏仪表测温等元件。

f. 当有人在罐内工作时，要加强监护。

g. 应考虑天气条件，防止催化剂吸湿，因为雨天及催化剂暴露在过量水分下，都会影响催化剂的性能。

h. 催化剂装填时易架桥，装填时要注意不要留死角，要尽可能耙平，一次装填量不要太大，确保装填均匀密实。

4.1.5.2 催化剂的装填步骤

下面以典型装置三为例，说明装填催化剂的具体步骤。

（1）一段反应器催化剂装填步骤

a. 装填前应彻底清理反应器并除去其内部杂物。

b. 检查确认安装在反应器下部的格栅、金属丝网的位置、完整、牢固状况。

c. 确认卸料手孔复位。

d. 按装填要求将大瓷球填充到金属丝网上，然后将小瓷球填充在大瓷球上。

e. 将测温元件支承托架插入支承托架孔内，然后装填催化剂。将催化剂沿布袋送入反应器内，保证催化剂下落高度不大于60cm，防止因落差太大而损坏催化剂及反应器内仪表测温元件。

f. 在装填过程中，催化剂表面铺一块木板，装填人员站在木板上将催化剂铺平。

g. 在催化剂上放置小瓷球，填充高度应按装填要求，然后按规定在小瓷球上放置大瓷球。

h. 在催化剂床层上部安装液体分配器和挡板。

i. 清扫环状垫圈槽，清理反应器内部杂物，然后封上反应器大盖。

j. 在装填过程中不允许将催化剂倒入床层一个固定位置，应将布袋做圆周运动，以保证催化剂分布均匀。

k. 附一段反应器催化剂装填图，详见图4-1。

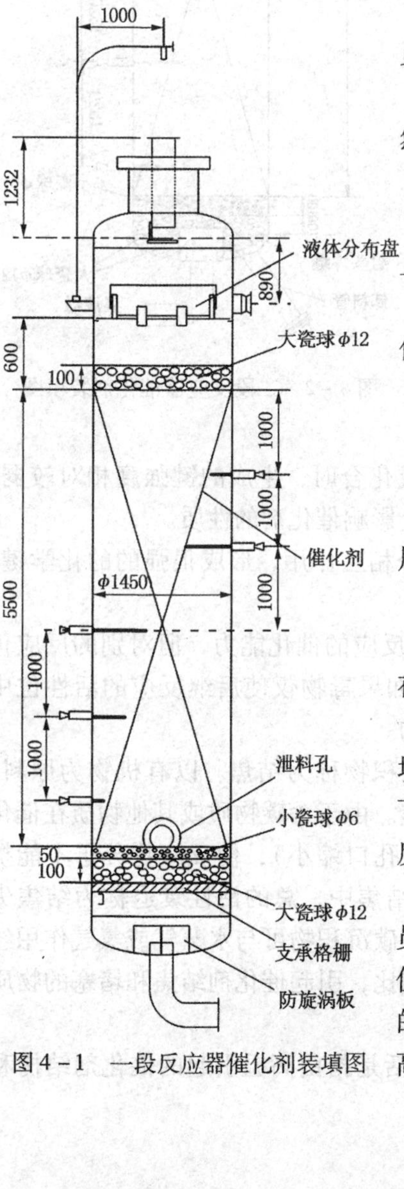

图4-1 一段反应器催化剂装填图

（2）二段反应器催化剂装填步骤

a. 装填前应彻底清理反应器并除去其内部杂物。

b. 将两层金属丝网捆扎在出口收集器的顶部和侧面，用出口收集器罩盖在反应器底部出料口上。

c. 确认卸料孔复位。

d. 将大瓷球填充在反应器底部，然后将小瓷球填充在大瓷球上，填充高度按装填要求。

e. 将测温元件支承托架插入支承托架孔内，然后装填催化剂。将催化剂沿布袋送入反应器内，保证催化剂下落高度不大于60cm，防止因落差太大而损坏催化剂及反应器内仪表测温元件。

f. 装填过程中，在催化剂表面铺一块木板，装填人员站在木板上将催化剂铺平。当催化剂填充高度达设计值时，将污垢捕集器按正三角形几何分布在催化剂表面的适当位置并固定好，然后向捕集器周围填充催化剂，高度按装填要求。

g. 在催化剂上放置小瓷球，然后在小瓷球上放置大瓷球，填充高度按装填要求。

h. 注意捕集器内不能有催化剂或瓷球，在催化剂装填前可用布将捕集器的口封住，装完后再将布拆下。大瓷球离捕集器的口应有一定距离，以防强大的气流将瓷球吹入捕集器内。

i. 清扫环状垫圈槽，清理反应器内部杂物，然后封好法兰盘。

j. 附二段反应器催化剂装填图，详见图4-2。

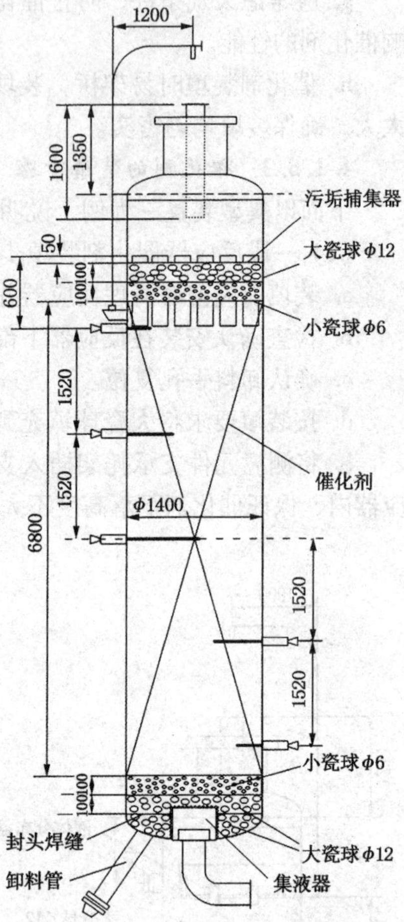

图4-2 二段反应器催化剂装填图

4.1.5.3 催化剂装填时的注意事项

① 催化剂粉尘(由反应器产生及催化剂卸出反应器外部产生的)内含有重金属，在装卸过程中应严加防护。其操作区域必须采取适当的通风及适当的呼吸保护措施。在操作完成后，需要用真空吸尘器或用冲洗的方法彻底清除附着在身体上的粉尘。

② 处于氧化状态的金属催化剂(以后还原)对烃的气体或液体来说是极有效的易燃源。必须注意与催化剂接触的容器和其他设备应是清洁的。另外，容器装满后必须马上密封，以减小因裸露表面而造成的向附近泄漏或撒出的可能性

4.1.6 催化剂的失活和再生

4.1.6.1 催化剂的失活

催化剂的失活原因一般分为中毒、烧结和热失活、结焦和堵塞三大类。

(1) 中毒引起的失活

① 暂时中毒(可逆中毒) 毒物在活性中心上吸附或化合时，生成的键强度相对较弱，可以采取适当的方法除去毒物，使催化剂活性恢复而不会影响催化剂的性质。

② 永久中毒(不可逆中毒) 毒物与催化剂活性组分相互作用，形成很强的的化学键，难以用一般的方法将毒物除去，以使催化剂活性恢复。

③ 选择性中毒 即催化剂中毒之后可能失去对某一反应的催化能力，但对别的反应仍有催化活性，这种现象称为选择中毒。在连串反应中，如果毒物仅使后继反应的活性位中毒，则可使反应停留在中间阶段，获得高产率的中间产物。

(2) 结焦和堵塞引起的失活 催化剂表面上的含碳沉积物称为结焦。以有机物为原料，以固体为催化剂的多相催化反应过程几乎都可能发生结焦。由于含碳物质或其他物质在催化剂表面沉积，覆盖了催化剂活性中心，造成孔径减小(或孔口缩小)，使反应物分子不能扩散进入孔中，这种现象称为堵塞。所以常把堵塞归并为结焦中，总的活性衰退称为结焦失活，它是催化剂失活中最普遍和常见的失活形式。通常含碳沉积物可与水蒸气或氢气作用经汽化除去，所以结焦失活是个可逆过程。与催化剂中毒相比，引起催化剂结焦和堵塞的物质要比催化剂毒物多得多。

(3) 烧结和热失活(固态转变) 催化剂的烧结和热失活是指由高温引起的催化剂结构和

性能的变化。高温除了引起催化剂的烧结外，还会引起其他变化，主要包括化学组成和相组成的变化，半熔、晶粒长大，活性组分被载体包埋，活性组分由于生成挥发性物质或可升华的物质而流失等。

事实上，在高温下所有的催化剂都将逐渐发生不可逆的结构变化，只是这种变化的快慢程度随着催化剂不同而异。

烧结和热失活与多种因素有关，如与催化剂的预处理、还原和再生过程，以及所加的促进剂和载体等有关。

当然，催化剂失活的原因是错综复杂的，每一种催化剂失活并不仅仅按上述分类的某一种进行，而往往是由两种或两种以上的原因引起的。

4.1.6.2 催化剂的再生

以某汽油加氢反应器为例进行叙述。

催化剂失活后用蒸汽+氧气或氢气热汽提的方法清除表面的聚合物，恢复其活性，就是再生。

加氢催化剂再生一般用“热氮气+空气”和“蒸汽+空气”的烧焦法，如一段为镍系催化剂时通常用氢气热汽提的方法再生。

(1)“蒸汽+空气”的烧焦法

烧焦的基本反应为　$C + O_2 \longrightarrow CO_2$

再生的程序大致如下：首先停进料，进行倒空置换，把系统中的油排净；其次用蒸汽吹扫系统；然后用蒸汽作为热载体，使反应器床层温度升到规定值；最后逐步通入空气，进行烧焦过程。

要注意烧焦是一个放热过程，因此在开始通入空气时，空气流量不能太大，一般开始通入的空气量约为蒸汽量的1%，然后根据烧焦情况，逐步增加空气流量，在烧焦过程中要密切注视床层温度，不能使床层温度超温，引起飞温现象，以免烧毁催化剂。当烧焦尾气中的二氧化碳含量低于1(vol)%时，烧焦结束。

① 一段反应器的再生

第一步，加抽盲板。

在加抽盲板前应将一、二段系统隔离，一段系统倒空，并用氮气置换合格。一段测爆合格，可燃气体小于0.5(vol)%，并使一段系统氮气保压。

加抽盲板时，一段反应器床层应在微氮气流通下进行，其步骤如下：

a. 氢气进料线盲板，由“通”变“盲”。

b. 物料进料线盲板，由“通”变“盲”。

c. 一段反应器底部出料线盲板，由“通”变“盲”。

d. 一段反应器顶部再生蒸汽线盲板，由“盲”变“通”。

e. 一段反应器底部再生蒸汽线盲板，由“盲”变“通”。

f. 空气管线与再生蒸汽线连接。

第二步，进行再生准备工作。

a. 再生用SS温度计、再生用LS流量计及再生用工业风流量计动作正常，计量准确。

b. 公用系统能够提供符合条件的蒸汽及烧焦空气。

c. 分析人员做好对尾气分析的准备工作。

d. 再生蒸汽管线暖管：打开再生管线上截止阀前的放空阀，打开LS总阀，缓慢开SS

总阀，对再生管线暖管。引入蒸汽前应与值班长联系，蒸汽应缓慢引入，以防发生水击。手动控制再生用SS与LS调节阀，使在放空阀附近的温度达230℃，此时再生蒸汽用量约为1400kg/h。

第三节，进行再生，其步骤如下：

a. 打开去乙烯装置急冷塔的阀门，打开反应器再生蒸汽入口阀，并同时打开反应器再生蒸汽出口阀，再生蒸汽进入乙烯装置急冷塔。6～12h后改为现场放空，关闭再生蒸汽至乙烯装置急冷塔的闸阀。蒸汽切入时应注意反应器底部排水。

b. 2h后，逐步把蒸汽量增加到5000kg/h，再生蒸汽温度增到430℃，把催化剂床层温度提高到400℃。

c. 控制催化剂床层温度在400℃，保持3h。

d. 调节空气流量，以48Nm^3/h的流量把空气通入再生蒸汽管线。在DCS操作台上仔细观察催化剂床层温度。如果床层温度增长太快，立即停止空气注入。等待30min，当床层温度下降后，以48Nm^3/h的空气量再次通入。

e. 床层温度上升到一定量后，待其稳定，慢慢增加空气量到最大值250Nm^3/h，注意观察催化剂床层温度(最大温度为510℃，决不允许超过525℃)。如果在此期间床层温度突然上升，则减少空气流量，以保持床层温度在500℃以内。

f. 在每次增加空气前先等待一段时间。

g. 随着再生的继续，当床层温度降到400℃时，停止通入空气。调节再生用SS、LS增加蒸汽温度，将催化剂床层温度由400℃升到430℃，蒸汽最大流量为5000kg/h。

h. 控制床层温度在430℃，保持30min。

i. 以48Nm^3/h的流量再次通入空气，如前面一样，逐步增加到250Nm^3/h。若没有进一步的反应症状或床层出口温度与入口温度相差无几，则在此种条件下保持1h，然后停止通空气。

j. 蒸汽降到1400kg/h，然后再一次以48Nm^3/h的流量通入空气，并逐步增加到250Nm^3/h，保持这种条件，取样分析反应器出口气体中CO_2含量。

k. 如果CO_2含量大于1(vol)%时，则重复步骤f～i；如果CO_2含量小于1(vol)%时，可认为再生结束。

l. 停止空气，维持1400kg/h的蒸汽量，调整再生用SS、LS温度和流量，使床层温度冷却到260℃。

m. 停蒸汽。

n. 再生结束后，可定期打开反应器底部排液阀排除反应器内的残水。

o. 将空气换为氮气或将氮气软管接在反应器底部出口的氮气接头上，利用氮气把反应器床层冷却下来；用氮气置换，使反应器内的氧含量小于0.5(vol)%。

p. 系统充满氮气，在微正压下将所有盲板转到正常操作位置。

② 二段催化剂的再生

第一步，加抽盲板。

在加抽盲板前，应将一、二段系统隔离，二段系统倒空，氮气置换合格。二段可燃气体<0.5(vol)%，H_2S含量<50ml/m^3。让二段系统充满氮气，并使二段催化剂在氮气保护下。

加抽盲板时应做到：

a. 二段反应器进料管线上的盲板由“通”变“盲”。

b. 二段反应器顶部再生管线上盲板由“盲”变“通”。

c. 将二段反应器出口弯头调向至再生线位置，连接去乙烯装置急冷塔的管线。

d. 空气管线与再生蒸汽线连接。

第二步，进行再生。

再生蒸汽线的暖管和再生方法与一段催化剂再生方法相同，其不同点如下：

a. 二段催化剂起始空气量为39Nm^3/h，最大流量为200Nm^3/h。

b. 开始蒸汽量为1120kg/h，最大流量为4000kg/h。

(2) 氢气热汽提再生法

镍系催化剂的设计限制了聚合物的形成，因此氢气热汽提可有效地去除聚合物。传统的催化剂的设计可形成大分子量聚合物，只能用“蒸汽 + 空气”的氧化法去除。而“蒸汽 + 空气”的再生法将破坏镍系催化剂的结构，并在随后的操作中降低催化剂的性能。

采用氢气热汽提再生法(具体再生时应按催化剂厂商提供的步骤操作)应做到：

① 反应器正常停车，液体被清除。

② 温度降至100℃以下，低压、空速高有利于活性恢复。

③ 氢气以要求的最大流量加入，尾气排至火炬烧掉。典型的气体流速为每小时0.2m^3/kg催化剂。

④ 升温速率为25℃/h，入口温度升至230℃，保留8h，出口温度应高于200℃。

⑤ 催化剂床层温度以25℃/h升温至300～350℃。催化剂应在300℃以上高温下保持24h。

⑥ 活化结束后用氢气进行降温，以不大于30℃/h的速度将反应器床层温度降至60℃以下。

⑦ 反应器温度降至常温后正常复原。

4.1.7 一段催化剂的活化

4.1.7.1 钯催化剂的活化

(1) 一段催化剂活化的原因

催化剂在制备过程中，活性组分以其盐、氧化态形式存在。这些催化剂在制备完成之后，并不具备活性或活性很低，在使用之前必须经过一定的处理，使其具备活性，这个过程称之为活化。

一段加氢催化剂是钯基催化剂，在制备时是以氧化态形式存在的，对加氢反应来说，活性组分是金属钯，因此对制备新的或再生过的催化剂必须从氧化态还原，使之活化。

钯催化剂的活化是一个还原的过程，还原剂是氢气。应该说在操作条件下催化剂的还原是可以进行的，但这样活化的催化剂其活性不稳定，因此使用前需要进行还原。使用前的还原过程是将催化剂在约105℃、2.6～2.8MPa下，暴露在氢气中达4h，并在开车用安全液体循环的情况下完成，同时严格要求一段反应器内的氧含量在20ml/m^3以下。

(2) 一段催化剂活化的方法

① 安全液的作用及性质

安全液是用于建立通过一段加氢反应器的液体循环，使之能对一段催化剂活化起保护作用，而且还可建立旁路二段加氢反应系统而进入硫化氢汽提塔，最后返回一段进料缓冲罐的液体循环，这样使一段反应系统与硫化氢汽提塔系统流程打通，处于备用状态。

用于开车的安全液是无水的轻石脑油，且安全液的硫含量小于500mg/kg，砷含量小于

10μg/kg，铅含量小于 1μg/kg，具体安全液规格要求为(烯烃 +1.5 芳烃)≤17(wt)%。

② 建立安全液的循环

如图 4-3 所示，建立安全液的循环运转，具体步骤如下：

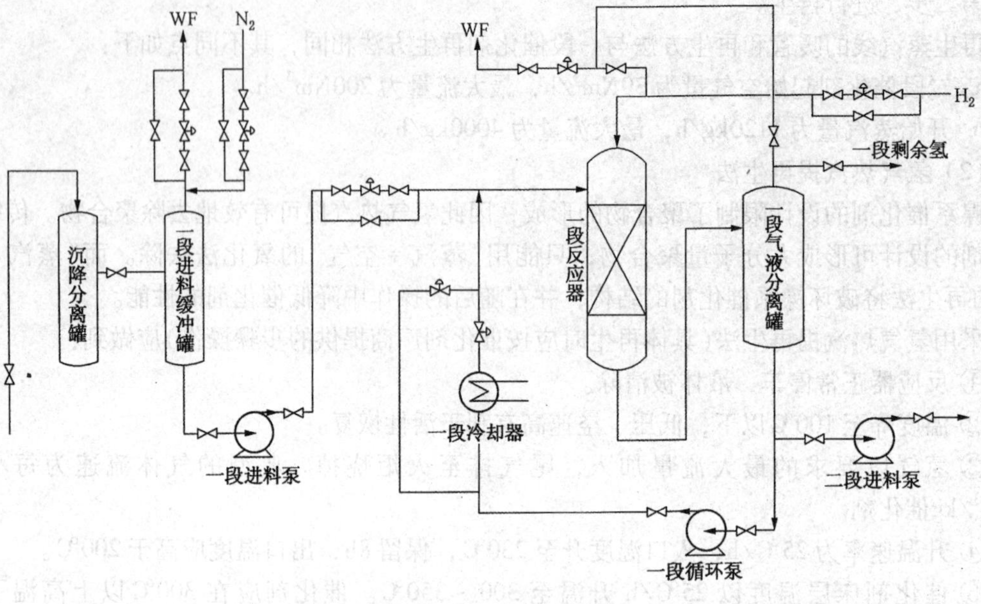

图 4-3 安全液循环流程图

a. 检查沉降分离罐、一段进料缓冲罐之间的阀门为关闭状态，使两罐相互隔离。

b. 将一段进料缓冲罐的压力控制器投入使用，检查其阀门动作正确，并将之设定在 0.07MPa，然后打开其上下游阀。

c. 打开接石脑油管线上的闸阀，通知调度引进安全液，使之进入一段进料缓冲罐，其液位指示达 75% 时为止。假如开工石脑油中有游离水，可在该罐中沉析下来，打开罐底的排污阀，将游离水排入含油污井中。从取样口取样分析开工石脑油是否符合要求。

d. 启动一段加氢进料泵，然后手动打开流量控制阀，开始使液体以 10t/h 左右的流量进入一段反应器，稍开一段反应器顶部放空阀(安全液循环前处于关闭状态)，使液体自然流向气液分离罐。

e. 一段反应器气液分离罐的液位指示达 50% 时，向一段反应器循环泵充液，然后启动循环泵。手动关闭进料温度控制阀，调节流量控制阀，以建立一段反应系统的液体循环。

f. 如果液位下降太快就重新接进开工石脑油，并向气液分离罐进料，以保持气液分离罐的液位在 40% ~50% 之间。

③ 氢活化之前的状态

a. 安全液体在一段加氢系统内部已循环。

b. 从乙烯装置分离来的氢气稳定、正常，压力保持在 2.65MPa。

c. 稍开一段反应器泄压调节阀，使氢气流通，用于催化剂活化。

d. 关闭一、二段反应系统的气相连通。

④ 活化操作步骤

a. 打开流量调节阀，将热循环液控制在适当的流量范围内。

b. 缓慢打开温度调节阀，同时关小流量调节阀，确保循环量在规定流量内。

c. 全开温度调节阀，关闭流量调节阀，使全部循环液体经过一段循环冷却器。

d. 排放一段循环冷却器中的冷却水，启用其出口凝液疏水器，打开蒸汽管线上的总截止阀，然后缓慢打开一段循环冷却器蒸汽入口阀，手动调节蒸汽流量，控制一段反应器入口温度以15～20℃/h的速度升温。

e. 当反应器床层温度达105℃时，关闭一段循环冷却器的蒸汽。

f 逐渐关小温度控制阀至全关，注意反应器催化剂床层温度在105～110℃之间；打开流量控制阀，让床层温度稳定30min，注意床层各点温度变化情况。

g. 当一段循环冷却器的蒸汽停止后，缓慢地将一段循环冷却器通入冷却水，避免换热器降温过快发生泄漏。

h. 保持温度控制阀关闭。若出现小于55℃的温升，通常是局部的，不需要调整。若床层温升大于55℃，则需手动打开温度控制阀，调节冷却水流量，保持催化剂床层温度在105～110℃。

i. 床层温度在105～110℃下保持4h，一段加氢催化剂活化完成。

j. 活化完成以20℃/h的速度将催化剂床层温度降到57℃，为防止反应器过度冷却，应立即准备导入一段原料油。

4.1.7.2 镍催化剂的活化

镍系催化剂是用有机硫化剂处理过，以还原的、钝化的形式提供的。所以，催化剂使用前需进行活化。在这个过程中除去氧化镍稳定层，并将硫化剂附着在金属镍的表面。

还原反应会受到水蒸气的抑制，因此最高的氢气流量会使催化剂的活性达到最大。

（1）活化前的准备

① 系统 N_2置换使氧含量低于0.2(vol)%。

② 检查活化用氢气流中是否含有氯化物和硫化氢，此物会使催化剂中毒失去活性。

③ 在活化过程中对出口氢气中的硫化氢含量进行定期分析。

④ 准备好含有有机硫类的裂解汽油备用。其中硫含量最好超过50mg/kg，并对汽油中的二烯烃、苯乙烯及硫的含量进行分析。

（2）活化步骤

① 氢气(以催化剂厂家提供的最大氢气流量进入反应器)以最大流量通入反应器，反应器工作压力约为0.1～0.2MPa，以确保反应器出口气体能送入燃料气或火炬系统。但在任何情况下，通入反应器的气体不允许使用循环气体。

② 气体进料以30～50℃/h的速率进行加热，使入口床层温度达到130℃。

③ 严密监视催化剂床层温度有无变化或出现温升。催化剂床层最高温度应控制在160℃以内。如温度升高，应调整入口温度。

④ 如果入口温度为130℃，而床层温度无变化，则提高反应器入口温度达到150℃。

⑤ 床层入口温度保持150℃，床层温度无变化，恒温150℃，时间为12～18h。

⑥ 用氢气将反应器床层冷却，使反应器出口温度降至60℃以下，然后反应器压力可提高到正常的工作压力。

⑦ 将氢气流量降至最大流量的25%～50%，用开车备用的含硫裂解汽油缓慢润湿催化剂并建立循环。

⑧ 循环汽油1～2h，记录好反应器温度压力情况。

⑨ 调整氢气至正常状态，准备接入新鲜物料。

4.1.8 二段催化剂的预硫化

4.1.8.1 二段催化剂预硫化的原因

新的或再生后的二段加氢催化剂中的钴－钼组分是以氧化态形式存在的，这种形式的钴－钼没有活性，使用之前应对其进行预硫化处理，使氧化态形式的钴－钼变成硫化态。

在正常操作条件下，利用原料中的硫也可以使催化剂逐步硫化，但如果利用原料中的硫进行硫化，部分氧化态金属有可能还原成金属，这样催化剂不能达到应有的活性和选择性，而且这样硫化的催化剂容易引起芳烃的加氢。所以，在反应器投油之前，首先应对催化剂进行预硫化处理。预硫化的优点是在开车之初，就能使二段产品合格。

硫化反应的过程：金属氧化态＋H_2S ⟶金属硫化态

4.1.8.2 二段催化剂预硫化的方法

（1）预硫化之前的状态

a. 循环氢压缩机正常运行，建立反应器的氢气循环，二段加热炉点火升温，控制进入二段加氢反应器温度不超过200℃。

b. 停止安全液循环，并关闭气液相联系的阀门，避免在硫化时生成的任何溶解的硫化氢循环到一段反应系统，使一段催化剂中毒。

c. 二段反应进料泵已停止运转并关闭进出口阀，二段反应进料阀关闭，一段剩余氢气阀关闭，一、二段反应系统的气相和液相完全隔离。

d. 高压闪蒸罐的液位控制阀及其上、下游阀与旁路阀已关闭，二段系统的泄压阀及其上、下游阀与旁路阀关闭。

e. 二段反应系统压力为2.0～2.8MPa。

f. 各控制回路的截止阀及混合喷嘴的氢气吹扫阀关闭。

g. 确认二段加氢进料预热器出口温度调节阀和硫化氢汽提塔灵敏板温度控制阀全开，而它们的旁路阀(蝶阀)全关。

h. 确认二段出料冷却器的冷却水开到最大流量。

（2）预硫化操作步骤

a. 如图4－4所示，缓慢地升高二段反应器入口温度，催化剂床层温度以20～30℃/h的温升速率把入口温度提高到230℃。

b. 将容器中的硫化剂打入抗氧化剂贮罐，用注硫泵注入到1#氢气预热器上游，注入量为30～50L/h，液态的硫化剂和热氢气反应生成硫化氢，随氢气一起循环。硫化反应是放热反应，要注意反应器催化剂床层温度变化情况，如果催化剂床层上任意一点或反应器出口的温度超过入口温度10℃以上，必须减少硫化剂注入量或降低反应器入口温度，以防止催化剂床层飞温。

c. 稳定1h后，由取样口取样分析循环氢中的硫化氢含量，分析频率为1次/h。

d. 分析硫化氢含量超过0.5(vol)%后可继续升温，缓慢地将加热炉出口温度升至250～280℃，将硫化剂注入量提高到70～100L/h，稳定2h。

e. 若循环氢中硫化氢含量稳定在0.3%左右，将二段反应器入口温度以20～30℃/h升至320℃，重新以30～50L/h的量注入硫化剂。升温过程中，循环氢中硫化氢含量必须继续保持在0.2%～0.3%，但不超过2%，过高的硫化氢含量会导致催化剂床层温升过高。

f. 由于硫化生成水，所以在硫化期间要注意高压闪蒸罐的液面，当液面达30%时就排水。排水时要特别小心，将含有硫化物的化污水从高压闪蒸罐处接软管排原料罐区化污井中，不得排入含油污井或清净下水系统。

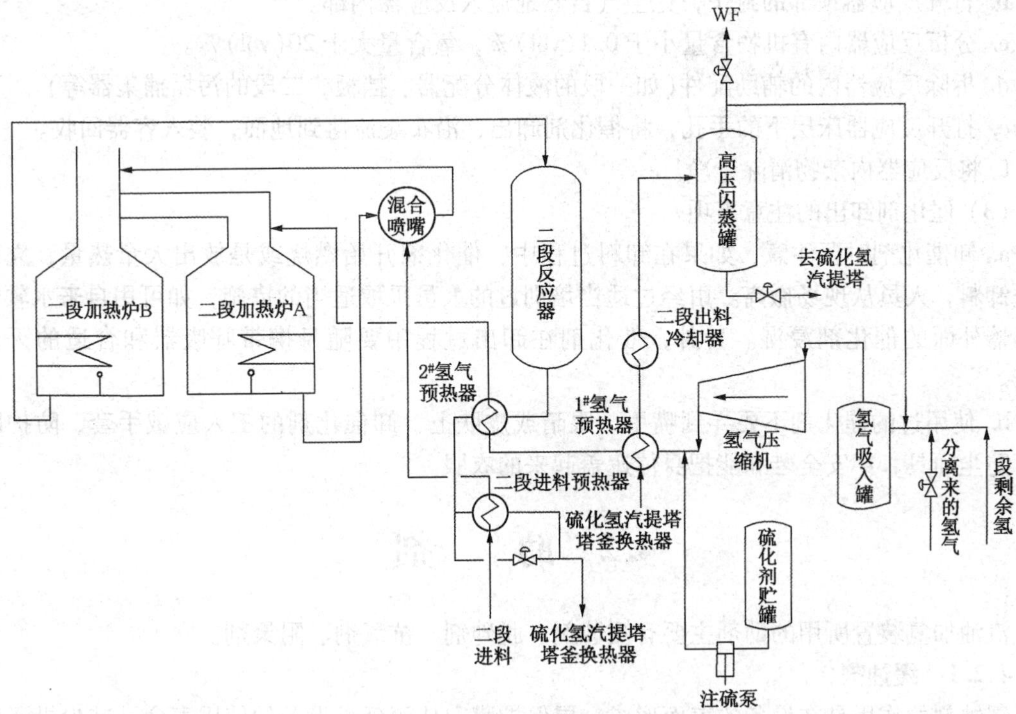

图4-4　催化剂预硫化的流程图

g. 稳定2h后，停止注硫化剂。如果连续三次以上分析硫化氢含量均超过0.5(vol)%，可以认为硫化已完毕。

h. 硫化剂停止注入后，循环氢压缩机继续运行，使催化剂更多地吸收硫化氢。

i. 打开一段反应器气液分离罐上气相出口阀，使循环氢压缩机吸入罐的入口压力慢慢地升到2.6MPa，并提高压缩机的转速到正常值，检查压缩机有无异常现象。

j. 当压缩机入口压力升高到操作压力时，用高压闪蒸罐上的泄压阀建立尾气排放，直到正常排放量。尾气排放至裂解气压缩机三段吸入罐或燃料气系统。

k. 将反应器入口温度降低到280℃，系统准备导入原料。随着时间的延长，已硫化的二段催化剂将被还原。

l. 硫化期间系统压力下降则可以通过压缩机吸入罐流量调节阀导入补充氢气。

m. 催化剂预硫化时间为36~48h。催化剂上硫量最少为催化剂量的5(wt)%，硫化剂(二甲基二硫)用量约为1000kg。

4.1.9 催化剂的卸出

(1) 准备

a. 将催化剂再生后用氮气降温。

b. 催化剂床层温度降至常温时，改用空气置换。

c. 准备软梯、进容器等必要的辅助工具。

d. 工作人员戴好安全防护用品，接好消防水带，做好安全防护准备工作，以防催化剂卸出时自燃。

（2）卸出

a. 空气置换合格后办理进容器作业证。

b. 打开反应器顶部的封头，让空气自然地流入反应器内部。

c. 分析反应器内有机物含量小于0.1(vol)%，氧含量大于20(vol)%。

d. 拆除反应器内的辅助配件(如一段的液体分配器、挡板，二段的污垢捕集器等)。

e. 打开反应器床层下的手孔，将催化剂卸出，沿布袋流落到地面，装入容器回收。

f. 将反应器内杂物清除干净。

（3）催化剂卸出的注意事项

a. 卸催化剂时要注意，如果在卸料过程中，催化剂开始燃烧或是放出大量热量，立即停止卸料，人员从现场撤离。由经过适当培训过的人员采取适当的措施，如可用自来水软管把容器外面的催化剂浸湿。另外，催化剂在卸出过程中要随身携带呼吸器和合适的灭火软管。

b. 使用过的催化剂不要弄到嘴里、眼睛或皮肤上，卸催化剂的工人应戴手套、防护眼镜、防尘面具，穿安全鞋和能把身体遮盖起来的衣服。

4.2 助　　剂

汽油加氢装置所用的助剂主要有缓蚀剂、脱砷剂、抗氧剂、阻聚剂。

4.2.1 缓蚀剂

缓蚀剂的作用是在设备的表面形成一层保护膜，从而延长设备的使用寿命，减少投资成本、保养费和停车时间，防止腐蚀副产物的聚集，提高设备的使用效率。烃加工用缓蚀剂能在很宽的pH范围内。

缓蚀剂分两股注入系统：第一股由助剂泵注入二段加氢氢气预热器出口的物料中；第二股由助剂泵注入硫化氢汽提塔塔顶气相中。

注入浓度一般控制在10～30mL/m^3，在具体使用时，应根据助剂厂家指导控制适当的注入浓度。

缓蚀剂一般通过助剂泵分别以纯助剂形式或用加氢汽油稀释后加注药剂。在缓蚀剂注入过程中，应注意保证缓蚀剂泵的正常运行。根据物流量的变化，及时调整加药量。避免吸入其挥发气体，避免与皮肤、眼睛及衣物接触。接触后需用水彻底冲洗，一旦接触到眼睛，请立即用足够的水冲洗至少15min，然后立即就医。

4.2.2 脱砷剂

脱砷剂的作用是脱除一段加氢反应进料中的微量砷，以防止钯(Pd)催化剂砷中毒。目前常使用的脱砷剂是过氧化氢异丙苯，简称CHP。

脱砷剂注入泵将其送到混合器中，与脱戊烷塔塔釜出料混合后进入脱砷反应器，使裂解汽油的C_6～C_9馏分与过氧化氢异丙苯充分混合，并使其中的砷重质化。

CHP是一种强氧化剂，超量使用会加聚不饱和烃聚合、结焦。因此，CHP的注入量要随原料油中砷含量的变化情况适时调整，控制一段进料油中的砷含量小于50μg/kg。

一般CHP存于贮罐中，为防止CHP在贮罐中与空气接触，该罐顶部设有氮封，并有呼吸阀与大气相通。由于CHP易分解，故在环境温度较高时贮罐需用冷却水喷淋，保证其温度不高于35℃。

4.2.3 抗氧剂

注入抗氧化剂的目的是，防止未经加氢处理的裂解汽油在贮存过程中的不饱和烃类发生氧化反应，形成胶质和低聚物，导致裂解汽油加工处理过程中系统结焦和加氢催化剂中毒失活，影响装置的运行周期。

在注入抗氧化剂时，由于桶装抗氧化剂浓度较高，需要时可按比例加入加氢汽油稀释，用搅拌器搅拌均匀，由抗氧化剂注入泵升压，注入脱丁烷塔釜出料换热器的下游管线内。

抗氧化剂：注入浓度控制在 20 ~ 90mL/m^3 左右。在具体使用时，应根据助剂厂家指导控制适当的注入浓度。

抗氧化剂放置在混合罐中，其顶部设有氮封系统，氮气压力由减压阀调节控制在 0.02MPa。

4.2.4 阻聚剂

在汽油加氢装置脱戊烷塔顶物流中，存在着不饱和的烯烃、二烯烃、环烯烃等，极易与物流中不饱和烃热分解产生的自由基及氧或过氧化物形成自由基反应，生成聚合物，在塔顶系统如管线、冷换设备中累积结垢。另外，在脱戊烷塔进料(加氢汽油)中会存在部分胶质，这些胶质实际上是大分子的聚合物，本身也是形成垢物的来源。利用阻聚剂减少胶质的量，对于系统正常运行是非常有利的。阻聚剂的作用是能快速阻断自由基的形成，抑制自由基与不饱和烃的反应，从而降低聚合物的形成。同时，阻聚剂对已形成的聚合物有分散的功能，还具有对金属钝化的作用。

阻聚剂放置于贮罐中，用注入泵升压后，注入脱戊烷塔回流管线等部位，具体注入点各装置略有区别。

注入阻聚剂，浓度控制在 50 ~ 100mL/m^3。在具体使用时，应根据助剂厂家指导控制适当的注入浓度。

阻聚剂通过助剂泵分别以纯助剂形式或用加氢汽油稀释后加注药剂。在注入过程中应注意保证阻聚剂泵的正常运行。根据物料流量和易聚合组分浓度的变化，及时调整加药量。塔底再沸器切换时，先停蒸汽，再停物流，以免加剧聚合结垢。开始使用一周内或大修后应加大剂量，可以抑制操作初期聚合物的产生。避免吸入其挥发气体，避免与皮肤、眼睛及衣物接触。接触后需用水彻底冲洗，一旦接触到眼睛，应立即用水冲洗至少 15min，并就医。

第5章　装置开车与停车

5.1　装置开车

5.1.1　首次开车准备

装置的开车准备主要包括设备检查、系统吹扫、单机试运与联运、化学清洗、烘炉、气密、氮气置换、催化剂装填、助剂准备。

5.1.1.1　装置安装及设备检查

装置安装完成必须达到以下标准：

① 配管工程全部完成，包括保温伴热；

② 仪表调试全部完成；

③ 电器设备绝缘试验完成，并具备供电条件，装置照明正常；

④ 施工记录、竣工资料齐全准确，工程质量符合要求；

⑤ 化验分析室具备使用条件；

⑥ 装置工程完工时，应达到工完、料净、场地清。

设备检查是试车前必不可少的一项重要工作，在试车前要进行设计和施工的质量大检查，开展“三查四定”工作。三查即查设计漏项、查工程质量及隐患、查未完工程；四定即对查出的问题定任务、定人员、定措施、定时间完成。

5.1.1.2　管线清洗与吹扫

在安装完成后，管道系统中会残留焊渣、水与各种各样的垃圾等，同样也有铁锈与铁屑，这些杂物对装置顺利开车及以后的正常生产影响很大。管道的吹扫是影响试车进度的关键环节，为保证吹扫质量，掌握吹扫情况，生产、施工人员要制定出系统吹扫方案并实施。

生产装置管道的吹扫与清洗，应按管道介质的种类、管道的压力等级等分别进行，一般可通过机械清理、水冲洗、空气吹扫、蒸汽吹扫中的一种或几种方法完成。

首先，各类管道吹扫、冲洗的要求，要符合设计标准，国内配套装置可参考同类引进装置的标准执行，没有查到明确要求的可按本方案提出的要求进行。

各装置在管道吹扫、冲洗前要做好详细的实施方案。吹扫情况要有专人记录，作为一种技术资料管理，以备查阅。

(1) 机械清洗

即对所有设备和直径大于0.5m的管道用金属丝刷、砂纸等进行人工清扫。

(2) 水冲洗

① 水冲洗范围

所有操作温度在0℃以上的工艺管道和设备，在操作前都必须进行彻底的清理和水洗。

② 水冲洗应具备的条件

公用工程(水、电、汽、风)应具备使用条件，拆除管道上的限流孔板、控制阀、压力表、安全阀，以及其他限流设施，以确保清洗这些设施不会滞留杂质及损坏仪表设备。

③ 水冲洗原则

a. 拆开机泵入口，与泵相连的容器注满水，靠水的重力自然流动，除掉较重的外来杂质。

b. 安装好机泵入口管线，并安装临时粗滤器，通过水的循环进行冲洗。

c. 换热器的入口应拆开并加挡板，待冲洗合格之后再连上。当有两台或更多换热器并联布置时，冲洗应逐个进行。

d. 水冲洗应以管内可能达到的最大流量或不小于1.5m/s的速度进行连续冲洗。一般以出口的水色和透明度与入口处的情况一致为合格。

e. 管道冲洗后应将水排尽，并用压缩风吹干。被拆开的设备、管线应尽快复位。

④ 水冲洗注意事项

参照泵以真实工艺流体输送的电机功率，核算泵以水为介质进行操作的可行性。

(3) 空气吹扫

空气吹扫是将系统中存在的脏物、泥沙、焊渣、锈皮及其他机械杂质，在化工投料前彻底吹扫干净，防止因管道及系统存有杂物堵塞阀门、管道及设备。

① 空气吹扫应具备的条件

a. 设备管线安装完毕，经核对无误。

b. 公用工程(水、电、汽、风)稳定。

c. 通讯及调度系统正常。

d. 中控室及DCS系统投用正常。

e. 绘制吹扫流程图，拆除仪表元件，替代调节阀的短管及有关盲板已预制完毕并编号列表，标入吹扫图内。

f. 制定盲板、调节阀、过滤器、孔板、流量计等的拆装，及止逆阀拆装或调向一览表。

g. 参加吹扫的人员熟悉吹扫方案，按时到位。

② 吹扫原则

a. 管道由高处向低处吹扫。

b. 先吹扫主管，后吹扫支管，吹扫气体流速不低于20m/s。

c. 吹扫时压力不大于设备操作压力，严禁超压。

d. 当工艺管道直径大于500mm，应采用人工清扫。

e. 管道及系统吹扫，应预先制定系统管道吹扫流程图。断开的位置、排放点及加盲板位置(包括与乙烯装置有关的外管道及仪表接管系统的吹扫)应一一标注。

f. 吹扫准备阶段要将被吹扫管道上的导淋、放空阀等关闭，防止气体外泄。

g. 吹扫前应将吹扫管道上安装的仪表元件(流量计、孔板等)拆除，并对拆除的器件挂牌标号，以防安装时疏漏或搞错。

h. 在进行系统管道吹扫时，所加的临时盲板、垫片之处应挂牌或作明显标记，并做好登记记录，便于吹扫后归位。

i. 所有放火炬管线和导淋管线应与正常运行的火炬总管隔离，并在与其连接的主管吹扫后进行吹扫。设备壳体的导淋及液面计、流量计引管和阀门必须吹扫，仪表引压管线也应与工艺管线同时吹扫。在往火炬系统排放前，应通知该系统的工作人员打开火炬系统排放口。

j. 在吹扫过程中，只有在上游系统合格后，吹扫空气才能通过正常流量阀门进入下游系统，在保运钳工的配合下，进行管件拆卸和复位工作。

k. 调节阀、安全阀、止逆阀的处理如下：

对有副线的调节阀，或由调节阀两端闸阀吹扫排放，副线通过吹扫气体，或者拆除调节阀，换为短接连通吹扫，吹扫合格后复原。对于无副线的调节阀，拆除调节阀，接上短管，吹扫干净后复位。

吹扫管线上的止逆阀，拆除后以短管连接吹扫，或抽出阀芯吹扫。

对有副线的安全阀，关死安全阀上下游手阀，经副线吹扫。对无副线的安全阀，断开安全阀入口，对安全阀加盲板或挡板，以免杂物吹进阀底，使安全阀底部光滑面磨损。

l. 管线上的闸阀、截止阀原则上不拆除，但吹扫时必须全开或者全关。

m. 泵入口管线上的过滤器，在吹扫时应予拆除，并加盲板隔离，出口管线吹扫的排放口设在泵出口止逆阀前，不得将异物吹入泵内。

n. 一般换热器的吹扫，先在接管处拆开法兰进行吹扫，待吹扫合格后才能通过换热器。

o. 吹扫管道和容器的连接部位，可将杂物吹入容器内，然后进行人工清理。

p. 塔由人工清理，塔的进气管线吹扫干净后才能进塔。

q. 吹扫中，应随时记录吹扫合格的管线及管线阀门(包括盲板、过滤器)的拆装情况，系统吹扫合格后，各分区负责人应签字确认。

r. 吹扫合格的区域或管线应及时关闭界区阀或管线端头的阀门，以防其他区域或管线吹扫时，将杂物吹入已吹扫合格的管线和设备中。

③ 吹扫的方法及要求

贯通吹扫法：将要吹扫的管道与系统连接，选用大系统充气，进行全系统管道排放，排放时可选择先后顺序，一般先吹主管道，然后吹扫支管道。

分段吹扫法：将系统管道分成几个部分，每个部分再分成几段，然后逐段吹扫，吹扫完一段就与系统隔离一段。

爆破吹扫法：先设隔离带，并将预先计算好的防爆膜，如石绵板、塑料布、及选用强度较低的材料加工制成的盲板，安装在吹扫排放口，当吹扫管道达到一定压力时，防爆膜突然爆破，致使杂质吹除。爆破吹扫法一般应用于大直径管道或脏物不易吹除的管道。

在吹扫过程中，可用木榔头在管线周围敲击，以吹除锈皮焊渣。但是，要避免在焊缝上锤击。

④ 验收标准与要求

肉眼观察：观察流出的气体由黄、红色变成洁净无色，并确认无颗粒杂质时，可认为合格。

白布检查：在排放口用白布包好的挡板测试，当白布上干净，无铁锈尘土、水分及其他脏物即为合格。

白天吹扫时，除压缩机、泵进出口的吹出点用白布进行检查外，一般由肉眼观察判断。夜间吹扫时，一般由白布检查判断。

⑤ 空气吹扫注意事项

注意设备安全，防止超压操作。

注意人身安全。设隔离带，做好安全设计，在排放口处进行检查时，人员要处于排放口的侧后方，防止吹出物溅入眼睛或溅伤皮肤。吹扫中进行拆除操作时，一定要在系统或设备完全泄压后进行。

(4) 蒸汽吹扫

蒸汽吹扫，是将蒸汽管线系统中存在的脏物、泥沙、焊渣、锈皮及其他机械杂质，在化工投料前彻底吹扫干净，防止因管道及系统存在杂物堵塞阀门、管道及设备。蒸汽管道吹扫包括各种压力等级。

① 吹扫应具备的条件

a. 界区内所属的各等级蒸汽管道全部安装完毕，按要求强度试验合格、保温完毕。

b. 开工锅炉投入运行，并按要求用量稳定地向装置提供合格的蒸汽，从开工锅炉至装置界区阀的管道必须按照高压蒸汽管道要求吹扫完毕，打靶检验合格。

c. 仪表风、工厂风、电等具备使用条件，可按要求按时使用。

d. 吹扫使用的阀门、盲板、临时连接短管、临时管线、打靶检查的靶架、靶板、临时消音设施等准备齐全。

e. 参加吹扫的人员熟悉吹扫方案，按时到位。

f. 现场照明设施、安全消防设施和临时救护设施齐备。

g. 吹扫工作的指挥、调度组织机构健全，通讯联络器材齐备。

h. 现场进行必要的清理，拆除影响作业的障碍物，保障吹扫作业必须的安全通道。

i. 检查确认固定点、滑位点的位置及安装是否合理。

② 吹扫原则

a. 按照蒸汽的压力等级分阶段、分系统、有交叉地进行吹扫。吹扫顺序原则上按照由高压至低压，先主管后支管，再到用户的安排来进行。

b. 系统蒸汽吹扫时压力和温度均不得超过操作压力和温度。

c. 当蒸汽管道直径大于500mm，一般采用人工清扫。

d. 管道及系统吹扫，应预先制定吹扫流程图，注明吹扫步骤、断开位置、排放点、加盲板的位置。

e. 应将吹扫管道上安装的仪表元件(孔板、流量计、文丘里管)、节流阀、喷嘴等拆除，以防吹扫时损坏。仪表元件拆下后，应加等厚短节以确保管线密封不漏。

f. 所有放空阀和导淋阀管线应在与其连接的主管吹扫后进行吹扫，设备壳体的导淋及液面计、流量计引管和阀门必须吹扫，仪表引压管线也应与工艺管线同时吹扫。

g. 在执行吹扫时，机泵和换热器进出口应进行隔离保护，两端管线由不同方向给汽吹扫，确保吹扫不通过设备本体。

h. 调节阀、安全阀、止逆阀的处理类似空气吹扫原则。

i. 吹扫时所加临时盲板、垫板之处需挂牌作明显标记，并做好记录以便复位。

j. 在吹扫工作中，要按规定责任制度，吹扫合格后要确认签字。

③ 吹扫的方法及要求

a. 先吹主管，后吹支管，吹扫气体流速一般不低于正常蒸汽流速。

b. 被吹管线应按以下步骤进行：首先，引汽暖管升温，并进行充分排凝，升温速度控制在50~100℃/h左右为宜；其次，在保证流速的前提下连续吹扫0.5~1h；最后，以不大于100℃/h的速度自然降温冷却，当降至一定温度时，可敲击管线，利于焊渣、铁锈剥落。

c. 一般一次吹扫后管道冷却至一定温度时即可进行第二次吹扫。

d. 高压蒸汽系统管线吹扫一般进行5次以上升降温过程。

e. 透平管线吹扫时，应将透平主汽阀的阀芯抽出，并放置随机附带的过滤网，以免损坏主汽阀阀芯与阀座间的密封面。还应当将与机体连接的一段管道拆开，法兰转向，然后增设一段临时管线至室外，以便吹扫时蒸汽的排放，临时管线必须有牢固的支架，以免蒸汽放空时的反作用力造成进汽管线变形或引起管线较大振动。

④ 验收标准与要求

按最终用户的要求，将所需吹扫的管线分为两类：第一类是到蒸汽透平的蒸汽管线；第二类是到其他用户的蒸汽管线。

第一类管线的验收方法是打靶法。用经抛光的紫铜片（厚度约 2 ~ 3mm，宽度约 50mm，长度与蒸汽管径相当）插入事先固定在放空口的架子上，用销子固定，以免吹扫时滑出伤人。具体检验内容是：一般吹扫 5 次以上方可架靶，并打靶 20min，当靶板的冲击面上每平方分米不多于 5 个冲击疤痕，且连续得到 2 个合格靶板方认为检验合格。

第二类管线的验收方法采用目视检验法。具体检验内容是：在完成规定的吹扫次数的前提下，管线在吹扫状态时，其排放口排出的气体清亮、透明、无杂质。

⑤ 蒸汽吹扫注意事项

a. 防止烫伤。

b. 吹扫时排气点应设在安全地带，方向朝上，不能接管线引出排气口，应尽量加大与对面管线断开的距离（2 ~ 5mm 左右），并在对面管线法兰加上临时盲板或挡板，在所有排气口设警示牌。

c. 严密检测系统的温度、压力情况，升降温过程注意检查记录固定点、滑动点的位移情况。

d. 避免水击现象发生。

5.1.1.3 化学清洗

当系统中的设备、管道（如压缩机油路系统），在使用机械冲洗和吹扫不能达到所要求的清洁度的情况下，可以采用化学清洗的方法。此工作的目的是将管道和施工中进入系统内的油污、氧化锈皮、铁锈、杂质等用化学方法除掉，将其内表面清洗干净，形成保护膜。

化学清洗一般包括水冲洗、脱脂（碱洗）、冲洗、酸洗、中和（水洗）、钝化、冲洗、干燥、氮封等工序，最终以目测检查内壁呈金属光泽均匀为合格。当管道内壁有明显油斑时，要先进行脱脂处理。酸洗后的废水、废液在排放前要中和处理，以防污染环境。

(1) 化学清洗步骤

由于各施工单位使用的具体清洗设备、方法不尽相同，在此仅列出化学清洗的原则步骤。

a. 确认化学清洗的流程，用脱盐水冲洗并检查泄漏情况，若有泄漏则应立即修复。

b. 用碱液和洗涤剂进行脱脂处理。

c. 用脱盐水在环境温度下冲洗，直至洗水中的泡沫呈中性并清澈为止。

d. 进行设备检查，人工清除残留污物，用内窥镜检查。

e. 用含缓蚀剂酸液进行酸处理，将相应部位插入腐蚀测试板，以检查腐蚀速率是否在规定范围。

f. 用脱盐水在环境温度下漂洗，直至洗水 pH 显中性为止。

g. 加钝化剂进行钝化，后漂洗，检查钝化膜是否均匀完整。

h. 排空 N_2吹扫干燥待投用。

（2）化学清洗中的注意事项

a. 所有仪表连接点和现场液位计必须被隔离，相应导淋阀打开，注意排尽残液、尤其是冲洗死角的残液，以防溶剂腐蚀。

b. 拆除所有流量元件及控制阀，并安装临时接管。

c. 正确设定盲板位置。

d. 放空阀要定期开闭，以使空气及气体及时排出。

e. 废液排放必须遵循环保法规，注意钝化液应处理后排放。

5.1.1.4 催化剂装填

催化剂的装填是在系统空气吹扫完毕后，气密试验之前进行的，详见本书 4.1.5 催化剂的装填。

5.1.1.5 气密试验

由于化工物料易燃易爆，化工生产装置设备多，管线复杂，生产具有高温高压等特点，因此在化工装置投用之前，必须进行综合气密性试验，对装置设备、管线上的各种静密封点进行检查处理，确保装置安全投料运行。

装置首次开车气密检查是在系统吹扫之后，在完成了催化剂装填基础上，利用工业风(0.6～0.7 MPa)进行的，以后的大修开车可直接使用氮气进行气密检查。有条件的装置，还可以引用高压气体对一段、二段加氢反应系统实施高压气体气密，例如从乙烯装置分离单元的甲烷化系统可引入裂解气压缩机试运时产生的高压气体(2.0MPa)进行气密试验。系统气密完毕后，即开车准备阶段的气密工作告一段落。在 N_2 置换系统合格后，投料阶段引入氢气，进行氢气气密试验。有关氢气气密的内容将在投料开车的步骤中进行叙述，其气密方法、气密内容与气体气密相似。

（1）气密试验应具备的条件及准备工作

a. 系统吹扫合格，各机泵试运转合格，所有滤网、盲板、阀门均已全部复位，并且装好正式垫片。

b. 确认系统室内外仪表、调节阀、安全阀具备使用条件，能够正确显示压力、温度。

c. 反应器催化剂装填完毕，罐内件(滤料、除沫网等)安装完毕。

d. 准备好垫片、盘根及气密检查所需器具(包括小桶、刷子、肥皂水、气密瓶、登高作业安全带等安全劳保用品和拆卸工具等)，保运人员落实到位。

e. 搭好气密检查所需要的脚手架，确保气密检查能够安全、到位。

f. 气密前阀门、法兰等处不要进行保温，以免气密检查时又要拆掉。

（2）气密试验检查的内容

a. 设备本体，设备、管线的法兰、管件、阀门与仪表部件等。各液面计和压力表接头处以及导淋、放空阀等。

b. 电、气焊修补过的地方。

c. 重要阀门的内漏情况，这些阀门主要有主汽阀、调节阀，系统放火炬阀，原料、燃料油、燃料气系统与外界连接的阀门。

d. 系统 N_2 充压至规定压力，打开该系统放火炬阀的上、下游阀，关闭调节阀，系统保压 24h 左右，确认放火炬阀是否内漏。

（3）气密范围及压力等级

气密压力等级的划分原则：气密试验应以操作压力的等级来划分试验区域，当所划分区域中有不同操作压力等级的设备和管道时，气密压力以系统内最低的操作压力为准。汽油加氢装置具体空气气密压力等级及区域划分可参考以下内容，或根据实际情况确定。

脱戊烷塔系统	0.15 MPa
脱砷反应系统	0.4 MPa
BTX 塔系统	0.1 MPa
一段反应器系统	2.5 ~3 MPa
二段反应器系统	2.5 ~3 MPa
硫化氢汽提塔系统	0.6 MPa
燃料气管线	0.25 MPa
助剂罐系统	操作压力

(4) 系统气密流程设定的一般原则

a. 编写完整的气密方案。

b. 一般按操作压力等级相近的区域划分为一个气密系统。注意界区管线及跨区管线流程的设定，同一管线压力等级不同时，以节流点为界划分区域。

c. 流程设定时所有室外的压力表、温度表、孔板、引压管线等根部阀均应打开，能够正常显示温度、压力。

d. 设备或管线上的安全阀有根部的要打开根部阀，确保安全阀能正常工作，安全阀旁路及泵进出口阀原则上处于关闭状态。

e. 设备、管线上导淋、放空、UC(备用)阀、备用接口关闭。

f. 泵的出入口压力相差不大的系统，可以将泵出、入口管线连在一起试漏；泵的出入口压力相差较大的(如多级泵、计量泵等)，出入口管线应分别按压力等级试漏。

g. 跨界区管线的气密应与相关区域负责人协调后确定气密方案，以防遗漏。

h. 各系统气密合格后，需保持原有流程并将系统压力充至规定的压力，进行 24h 系统保压试验，同时记录系统保压起止有关数据，计算系统泄漏率，如果系统泄漏率超过规定指标，应查找系统内漏点，并消除漏点直到保压合格。

(5) 气密试验有关记录

在每个系统进行气密试验过程中，应填好试验记录。在气密试验中发现泄漏点，应及时处理，直至漏点消除为止。试验记录应包括：

a. 试验的管线或设备位号；

b. 升压程序；

c. 试验压力和保压起止时间、保压期间起止压力、温度等参数，计算系统保压时的泄漏率；

d. 试验泄漏点记录(所属系统，具体位置)及消除方法(换垫、把紧、补焊等)；

e. 试验日期和负责试验人员的认可签名。

气密合格的要求：保压时间 24h，记录起始与终止的压力、温度，要求泄漏率 $<5\%$。

泄漏率计算公式：泄漏率 $=(1-P_{终}T_{始}/P_{始}T_{终})\times100\%$

其中，T 使用国际单位，$T=273+t$，t 为实际摄氏温度。

(6) 气密检查注意事项

a. BTX 塔真空系统在 0.1 MPa 正压气密合格后，还需要进行抽真空泄漏试验。抽真空试验可在整个系统气密合格后进行。

b. 综合气密检查之前，必须反复对照流程图及吹扫记录进行管线检查，防止安装错误或吹扫后复位不当而返工。

c. 各塔、反应器、充压时应缓慢，防止快速气流吹翻塔盘和催化剂床层。

d. 注意系统压力要小于安全阀启跳压力，同时要注意系统不要窜压超压。

e. 在气密过程中，应防止快速气流冲动泵的转子，造成反转损坏电机。

f. 查漏时，应通知仪表人员，对仪表引压管线、调节阀、孔板等部位同时进行气密检查。

5.1.1.6 氮气置换

由于化工物料易燃易爆，一旦与空气混和，极易形成爆炸性混合气体，因此在装置正式开工投料之前，必须将系统内的空气置换为氮气，使系统内的氧含量降至0.2(vol)%以下。

(1) 氮气置换应具备的条件

a. 管线吹扫、综合气密性试验合格，系统已泄压。

b. 公用工程装置能够提供足够合格的氮气。

c. 编写完备的方案，做好分区域置换的划分，确定系统的充压点、泄压点及置换步骤。

d. 准备好接氮气用的胶管、铅丝、接头等物品，以及空气呼吸器等防止氮气窒息的安全防护用品。

e. 系统内及相联系的区域已停止进塔入罐作业，如确需作业，须制定特别保护措施。

f. 做好氧的分析准备工作。

(2) 氮气置换的方法

a. 根据预先编制的氮气置换流程图，设定系统氮气置换流程，将各系统用隔离阀隔开。

b. 把氮气用胶管连接到塔、罐和管线的放空或导淋阀上。

c. 通过氮气胶管向系统内导入氮气，注意防止系统超压，充压时最高压力不得超过操作压力。

d. 通过系统的放火炬调节阀，向火炬系统排放置换气体，注意此时火炬系统是否已投用。如火炬系统已投用，不能向火炬系统排放，应选择现场放空或导淋排放泄压，必须注意操作者应处于上风位置，防止氮气窒息。泄压至略高于大气压力。

e. 重复上述充压、泄压程序3~4次。

f. 在现场各取样点取样，分析系统氧含量，合格后系统进行氮气保压，为防止邻近系统在涨压置换时会通过阀门漏入已置换合格的系统，在保压时可将压力设定得高一些。

(3) 置换注意事项

a. 氮气置换过程中应做好有关记录，置换完毕后，应在流程图上注明已完成置换的系统，并记录充压和泄压的压力与次数、分析结果和合格时间。

b. 判断置换是否合格时，一定要在每个取样点都分析合格后，才能确认系统氮气置换合格。否则应分析系统流程设置、置换方法是否存在问题。重复进行涨压置换，直至分析合格为止。

c. 注意充压过程中防止设备超压。

d. 准备好必要的安全防护用品。

e. 置换合格后，注意将置换用的软管、临时甩头等全部拆除，恢复原状。

5.1.1.7 透平单试

单机试车是检查机泵等动设备和电气、仪表的性能与安装质量是否符合规范和设计要求。而联动试运的目的是检查全系统的设备、仪表、联锁、管道、阀门、供电、供水、供汽的性能和质量是否符合规范与设计的要求。试车的电源、冷却水必须由正式电源和正式供水管道接出，不得搞简易开车。

以下以某汽油加氢装置的循环氢压缩机为例，介绍离心式透平氢压机的单试与联试。

(1) 系统准备

① 透平与压缩机组油路系统配管安装完毕，且化学清洗、油冲洗检查合格。

② 全部蒸汽系统管线和弹簧吊架安装完毕，且耐压、吹扫、气密、保温工作均结束，检查合格。

③ 确认压缩机工艺管线均按设计施工完毕。

④ 主机/副机设备及各系统已按要求安装完毕，经检验合格，安装施工记录齐全。副机单元试运调试结束，具备投用条件，且现场清理完毕。

⑤ 公用工程系统包括仪表风、冷却水、电源、蒸汽均能稳定供应，并符合有关要求，具备使用条件。

⑥ 各有关的电动、气动、液动阀经调试完毕投用正常。各指示和记录仪表以及信号、报警装置已装设齐全，并经校验调整准确。电气、仪表联锁系统调校完毕，经检查正确无误，具备投用条件。

⑦ 照明具备使用条件，调度及通讯系统准备妥当，具备使用条件。

⑧ 试运转必备的检测仪器、测振仪、转速表、测温计、千分表、噪音计等准备齐全，具备使用条件，并备好记录表、计时器等。

⑨ 消防器材准备完好，放置在现场，如放在油箱、油泵附近。

⑩ 压缩机房及周围地坪完整，排水条件具备。

⑪ 试运转用的有关资料准备齐全。

⑫ 化验室负责油品、蒸汽、水质分析，并确认合格。

(2) 暖管暖机

① 确认透平 MS、LS 管线上的排凝阀全开，缓慢打开 MS、LS 总阀，进行暖管。

② 当透平 MS、LS 管线暖管合格后，打开透平进出口管线截止阀，将 MS 暖管至主汽阀前，LS 进入透平进行背压暖机。

③ 暖管、暖机期间打开排凝阀(主汽阀和透平机体的排凝阀)。

④ 打开泄漏蒸汽冷凝器冷却水进出口阀，打开蒸汽喷射泵 MS 阀，投用泄漏蒸汽冷凝器系统并盘车。

(3) 油路系统试运转及报警调试

① 供干气密封隔离氮气。

② 启动主润滑油泵，投用油系统。确认润滑油压力正常，调速油压力正常。

③ 油过滤器切换试验，检查油压变化及蓄压器工作情况。

④ 油冷器切换试验，检查油压变化及蓄压器工作情况。

⑤ 油箱低液报警、高位油槽低液位报警、油冷器出口温度报警调试。

⑥ 润滑油低压报警和备用泵自启动试验，反复进行三次，检查压力开关的动作，每次误差不应太大。

⑦ 蓄压器性能试验。将辅油泵的开关打入“自动”。停主油泵，辅助油泵自启动，观察启动过程中油压变化，下降回升情况。反复进行三次，三次的曲线应基本吻合。在试验完成

后，将辅油泵的开关放在“自动”位置。

(4) 干气密封系统报警调试

① 吸入侧放火炬泄漏气压力报警，高报值为0.18 MPa。

② 吸入侧放火炬泄漏气流量报警，低报值为$2.5Nm^3/h$，高报值为$14Nm^3/h$，联锁值为$24Nm^3/h$。

③ 排出侧放火炬泄漏气压力报警，高报值为0.18 MPa。

④ 排出侧放火炬泄漏气流量报警，低报值为$2.5Nm^3/h$，高报值为$14Nm^3/h$，联锁值为$24Nm^3/h$。

⑤ 通往压缩机吸入端外侧密封氮气流量报警，低报值为$1.1Nm^3/h$。

⑥ 通往压缩机排出端外侧密封氮气流量报警，低报值为$1.1Nm^3/h$。

⑦ 压缩机主密封压差报警，低报值为0.035MPa。

(5) 透平及压缩机安保系统静态调试

试验条件：

① 油路系统中调速油、润滑油必须正常；

② 透平各种联锁均投用；

③ 主汽阀前无压力，若蒸汽总管送气，应确保蒸汽截止阀无泄漏。

试验内容：

① 按透平机上停车按钮作手动停车试验；

② 按现场仪表盘停车按钮作手动停车试验；

③ 室内按PB按钮作停车试验(至少一次)；

④ 作润滑油压过低停车试验(仪表设定信号)；

⑤ 作压缩机、透平轴位移过大停车试验(模拟试验)；

⑥ 作压缩机、透平轴振动过大停车试验(模拟试验)；

⑦ 作透平超速停车试验(仪表设定信号)；

⑧ 作压缩机轴承温度高停车试验(仪表设定信号)；

⑨ 作压缩机排气温度高停车试验(仪表设定信号)；

⑩ 作压缩机排气流量小停车试验(仪表设定信号)；

⑪ 作压缩机吸入罐液面高停车试验(仪表设定信号)；

⑫ 作干气密封泄漏气流量过大停车试验(仪表设定信号)。

(6) 透平调速器静态调试

试验条件：

① 调速器安装完毕且正确；

② 调速器的油品合格，调速器液面至规定位置。

试验内容：

① 手动调速器旋钮与调速阀开度关系试验；

② 现场手动调节器与调速阀开度关系试验；

③ 中控室信号调节与调速阀开度关系试验。

(7) 透平单体试运转

① 透平背压暖机结束。

② 检查油温、油压正常。

③ 缓慢打开主汽阀，冲动转子，使透平在500r/min低速下暖机。

④ 当透平前后温度趋于一致时，升速至1000r/min。机械检查无问题后，现场手动跳闸试验。

⑤ 按透平升速曲线（见图5-1）将透平转速升至调速范围。在每个规定的恒速阶段，检查振动、位移、轴承温度、热膨胀量。检查油系统、蒸汽系统、冷却水系统有否泄漏。

⑥ 超速跳闸试验。升速至跳闸转速时应跳闸，三次转速误差不得大于1%，透平的复位速度应达到规定值。

（8）调速器性能动态试验

对于手动调速应做到

① 完全打开主汽阀，手轮回转1~2圈；

② 由手动调速按钮慢慢调节转速，由最小连续运转转速升到最大连续运转转速。

对于气动调速性能检查应做到：

① 由现场手动调节器给定调速信号，测定信号压力与透平转速的关系；

② 由主控室给定调速信号，测定与透平转速关系；

③ 将转速调至最大连续转速下运行2~4h。

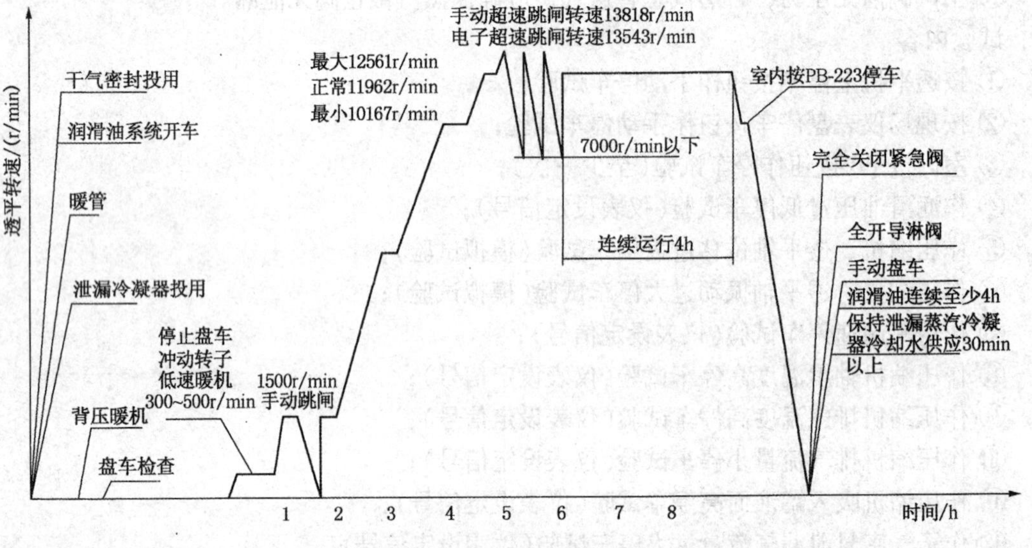

图5-1 某汽油加氢装置透平单试升速曲线图

5.1.1.8 压缩机联试

（1）联试条件

① 透平单试完毕、合格，透平试车发现的问题及系统遗留问题整改完毕。

② 二段反应系统氮气置换合格，系统0.5MPa氮气保压，压缩机循环系统流程设定正确。

③ 公用工程系统包括：仪表风、冷却水、电源、蒸汽均能稳定供应，并符合有关要求，具备使用条件。

④ 各有关的电动包括气动、液动阀件经调整、调节试验动作灵活、正确，投用正常。各指示和记录仪表以及信号已装设齐全，并经校验调整准确；电气、仪表联锁系统联校完毕，经检查正确无误，具备投用条件。

⑤ 照明具备使用条件，调度及指挥用的通讯系统（呼叫系统步话机、话机、扬声器等）准备妥当，具备使用条件。

⑥ 试运转必备的检测仪器、测振仪、转速表、测温计、千分表、噪音计等准备齐全好用，并备好记录表，计时器等。

⑦ 准备各种具备使用条件的消防器材，放置在现场，如放在油箱、油泵附近。

⑧ 压缩机房及周围地坪完整，排水条件具备。

⑨ 试运转用的有关资料准备齐全。

⑩ 确认压缩机润滑油油品分析合格。

⑪ 油路系统具备投用条件。

⑫ 确认透平与压缩机联轴节安装完毕。

(2) 氮气试运步骤

对于暖管与背压暖机，其试运步骤为：

① 确认透平 MS、LS 管线上的排凝阀全开，缓慢打开 MS、LS 总阀进行蒸汽暖管；

② 透平 MS、LS 管线暖管合格后，打开透平进出口管线截止阀，将 MS 暖管至主汽阀前，LS 进入透平进行背压暖机；

③ 暖管、暖机期间打开主汽阀、透平机体排凝阀；

④ 打开泄漏蒸汽冷凝器冷却水进出口阀，打开蒸汽喷射泵 MS 阀，投用轴封冷凝系统并盘车。

对于干气密封系统开车，其试运步骤为：

① 确认用于干气密封的专用氮气气源压力达要求值，投用自动控制；

② 打开干气密封系统专用氮气总阀；

③ 投用隔离氮气，确认隔离氮气压力正常；

④ 投用缓冲氮气，确认缓冲氮气流量在正常范围内；

⑤ 打开主密封气管线与专用氮气管线间的连通阀，通过主密封压差调节阀控制，将专用氮气通入主密封。

对于油路开车，其试运步骤为：

① 启动主润滑油泵，投用油系统；

② 确认油压正常，油温正常；

③ 辅油泵设定至自动位置。

对于低速暖机，其试运步骤为：

① 缓慢打开压缩机进出口阀，机体氮气充压，注意调整主密封压差达规定值，确认泄漏气流量在正常范围内。

② 检查油温、油压正常。

③ 缓慢打开主汽阀，冲动转子，使透平在 500r/min 低速下运行。检查振动、位移、轴承温度、热膨胀量。检查油系统、蒸汽系统、冷却水系统是否泄漏。

对于升速，其试运步骤为：

① 蒸汽透平缸体前后左右膨胀均匀后，升速至 1000r/min。机械检查无问题后，现场手动跳闸试验。

② 按升速曲线（见图 5 -2 所示）进行升速，在每个规定的恒速阶段，检查振动、位移、轴承温度、热膨胀量，检查油系统、蒸汽系统、冷却水系统是否泄漏。同时，注意监控压缩机进出口压力的变化，及时进行调整。

③ 当压缩机出口温度达到100℃时稳定转速，并使机组连续运转4h以上，当出口温度超过110℃时应立即手动停机。

④ 机组连续运行期间，需定时检查振动、位移、轴承温度、热膨胀量，检查油系统、蒸汽系统、冷却水系统是否泄漏及工艺系统的气密检查。

⑤ 在机组运行期间，需记录机组运行的有关数据。

对于停机，其试运步骤为：

① 在降透平转速过程中，测定转速每降低100r/min时所用的时间并记录；

② 查看轴振动情况，根据运行情况决定是否打开轴承进行检查。

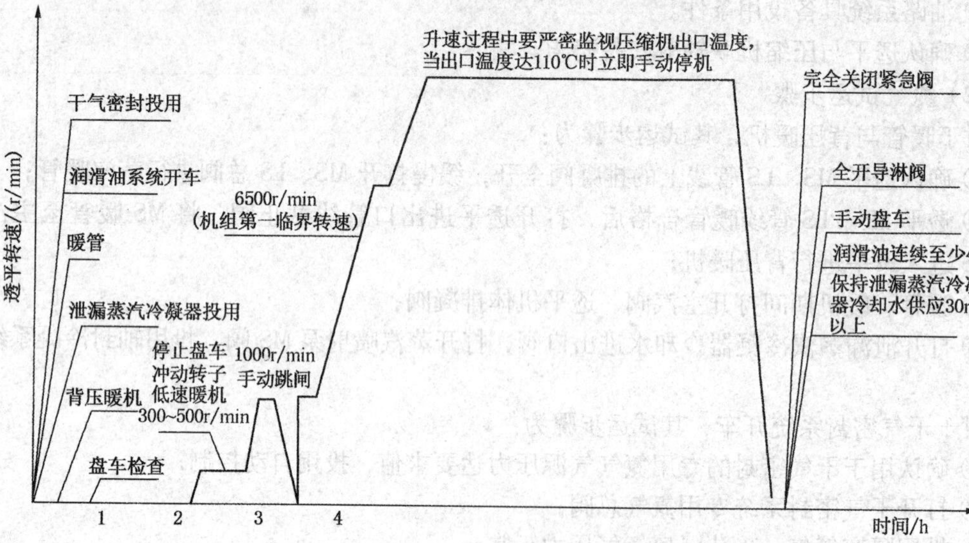

图5－2　某装置循环氢压缩机氮气试运转升速曲线图

5.1.2　投料前应具备的条件

装置开车前，系统应完成管线吹扫和气密试验，系统氮气置换合格。

5.1.2.1　装置各系统应具备的条件

脱戊烷塔系统——已完成氮气气密试验，置换合格，并用压力调节阀控制在微正压的氮气或燃料气压力下。

BTX塔系统——已完成氮气气密试验，置换合格，并用压力调节阀控制在微正压的氮气压力下。

脱砷系统——已完成氮气气密试验，置换合格，与脱戊烷塔系统连通，系统压力为微正压。

沉降分离罐和一段进料缓冲罐系统——已完成氮气气密试验，置换合格，由压力调节阀控制在0.05MPa的氮气压力下。

一段加氢反应系统——已完成氮气气密试验，置换合格，由压力泄压阀控制在微正压的氮气压力下。

二段加氢反应系统——已完成氮气气密试验，置换合格，由压力泄压阀控制在微正压的氮气压力下。

硫化氢汽提塔塔系统——已完成氮气气密试验，置换合格，并用压力泄压阀控制在微正压的氮气压力下。

5.1.2.2 装置各辅助系统应具备的条件

原辅材料(裂解汽油、氢气、燃料气、助剂)合格、准备就绪。

完成预硫化、氢活化。

确认公用工程已准备就绪，各压力等级蒸汽均已接至各用户隔离阀前，IA、PA、N_2和SW、UW系统已经正常运行。

确认所有联锁调校完毕并投用，未投用的已列入清单。

确认打开仪表引压管、LG、PG根部阀，确认所有TG安装到位。

确认动设备单机试运转完毕，压缩机联试完毕，电机已送电。

确认系统盲板已按清单正确拆装完毕。

确认系统所有安全阀上下游阀已打开，并铅封。

确认所有导淋、放空阀关闭，确认其他手阀均处于关闭状态。

按照下列程序完成蒸汽管道暖管：

① 打开管路所有导淋并确认畅通；

② 稍开蒸汽根部阀或其旁路1~2扣，并缓慢增加开度；

③ 当导淋无水排出时，缓慢开大蒸汽根部阀，视情况关小导淋阀；

④ 检查蒸汽管道的膨胀是否自由；

⑤ 暖管完成后可关闭导淋阀，全开蒸汽根部阀。必要时稍微打开管道最后一个导淋，以维持暖管状态直到设备开车。

5.1.3 反应系统氢气气密置换

5.1.3.1 流程设定

① 确认反应系统的阀门、调节阀全部关闭。

② 打开一段反应压力控制阀的上下游阀。

③ 打开一段泄压阀的下游阀；打开一段气液分离罐顶部气相放WF闸阀。

④ 打开一段循环量控制阀及上下游阀。

⑤ 打开一段气液分离罐底部出料阀。

⑥ 打开一段气液分离罐侧的二段进料泵的最小回流返入阀。

⑦ 打开混合喷嘴的氢气吹扫阀。

⑧ 打开混合喷嘴旁路(开车线)上的阀门。

⑨ 打开二段进出料预热器壳程出口的蝶阀。

⑩ 打开硫化氢汽提塔再沸器管程入口的蝶阀。

⑪ 打开循环氢压缩机的吸入调节阀。

5.1.3.2 氢气充压气密

确认系统氮气置换合格，气源氢气已供应至装置界区阀前，打开氢气管线上的总阀(界区阀)，逐渐打开一段反应系统氢气控制阀，使氢气进入一段反应器系统，一段反应系统分1MPa、1.5MPa、2MPa、2.65MPa四个等级充压，在各阶段分别进行气密试验。系统若有泄漏，则在泄压后作消漏处理，消漏完毕再重新充压气密直至合格。

确认氢气总阀打开，逐渐打开二段反应系统补充氢气调节阀，使氢气进入二段反应器系统，充压分1MPa、1.5MPa、2MPa、2.6MPa四个等级，每个等级中都要检查系统泄漏情况；若系统有泄漏，则泄压消漏，消漏完毕再重新充压气密直至合格。

5.1.3.3 氢气置换

一段反应系统压力达2.65MPa气密合格后，关闭一段反应系统氢气控制阀，慢慢打开一段系统泄压阀，将系统内氢气泄至火炬，直至系统内压力降为0.3MPa为止。用上述相同的方法将氢气再次通入一段反应器系统，重新升压至2.65MPa，然后再放火炬，到系统压力降为0.3MPa。重复上述操作，直至一段系统泄压阀前的气体中氧含量小于$20ml/m^3$为止，氢气置换完毕。

二段反应系统压力达2.60MPa气密合格后，关闭流量调节阀，慢慢打开二段系统泄压阀，将系统内氢气泄至火炬，系统内压力降为0.3MPa为止。用上述相同的方法，将氢气再次通入二段系统，重新升压至2.60MPa，然后再放火炬，系统压力降为0.3MPa。重复上述操作，直至泄压阀前的气体中氧含量小于$20ml/m^3$方算氢气置换完毕。二段系统置换合格后将系统压力控制在0.5MPa，准备循环氢压缩机开车。

5.1.4 循环氢压缩机机组开车

5.1.4.1 开车前确认工作

① 确认水、电、仪表风、汽等公用工程系统具备使用条件，系统所属仪表报警、联锁系统调试完毕，动作正常、灵敏可靠。

② 确认透平单试、压缩机联试合格。

③ 确认润滑油系统管线化学清洗、油冲洗、油运合格，所用的临时管、所加的盲板已全部拆除，正式管线已按配管图的要求复位合格。

④ 确认二段反应系统气密、置换合格，系统在一定氢气压力下保压。

⑤ 压缩机气体循环工艺流程设定无误，在干气密封系统未投用的情况下，压缩机进出口阀保持关闭。

⑥ 确认干气密封系统可以投用。

⑦ 确认压缩机开车的有关方案、人员已落实到位。

⑧ 确认润滑油已加入油箱，油箱液面正常。

⑨ 确认开车的有关工器具、通讯器具准备到位。

⑩ 由化、机、电、仪、施工(检修)等专业人员确认压缩机具备开车条件，并签字确认。

5.1.4.2 干气密封系统的投用

① 设定干气密封系统流程准确无误。

② 分别打开密封气过滤器和氮气过滤器的排放导淋，确认无液体后关闭。

③ 打开通往主密封(内侧密封)的氮气阀，经过过滤器后，手动控制主密封调节阀，将氮气通往主密封，将主密封压差设定在规定值投自动控制。

④ 打开通往辅密封(外侧密封)的氮气阀，经过过滤器后，由辅密封调节阀自动控制在规定值，将氮气通往辅密封，调节通往辅密封的针型阀，将流量控制在一定值；由隔离氮调节阀自动控制在规定值，将氮气通入压缩机两端轴承箱前端的迷宫内。

⑤ 检查过滤器压差、各路气体的流量、压力是否正常。

⑥ 检查干气密封泄漏量是否正常。

5.1.4.3 润滑油系统的投用

(1) 流程设定

① 打开润滑油主、辅泵的吸入及排出阀。

② 转动润滑油冷却器和过滤器的三通阀，以使油可以流到其中一个润滑油冷却器和润

滑油过滤器。

③ 打开润滑油冷却器和过滤器至油箱的排气阀。

④ 打开润滑油冷却器的冷却水进出口阀。

⑤ 打开润滑油泵出口压力调节阀前后的阀门，关闭其旁路阀。打开润滑油总管压力调节阀前后的阀门，关闭其旁路阀。

⑥ 打开蓄能器与润滑油总管之间的截止阀。

⑦ 打开用于压力表、压力开关和差压表的所有根部阀门。

⑧ 确认高位槽充液阀关闭。

(2) 投用步骤

① 从联轴节处对主、辅油泵进行盘车，确认转动灵活。

② 润滑油泵出口压力调节阀和润滑油总管压力调节阀手动设定阀位50%。

③ 油泵选择开关置于手动位置，启动主油泵，检查油泵振动和噪音无异常。

④ 润滑油冷却器和润滑油过滤器充液排气，当回油视镜有油流过时，关闭排气阀。

⑤ 润滑油泵出口压力调节阀控制油泵出口压力达设计值投自动。

⑥ 润滑油总管压力调节阀控制该阀后压力达设计值投自动。

⑦ 调节球阀，控制各进油点压力在设计压力范围内向各润滑点供油。

⑧ 向润滑油高位槽注油，当回油视镜有油流过时，关闭其充液阀。

⑨ 将备用油泵选择开关置于自动位置。

⑩ 调节出口油温在规定温度范围内。

5.1.4.4 压缩机的开车步骤

① 打开透平入口蒸汽阀门，MS暖管至主汽阀前。

② 投用透平泄漏蒸汽冷凝器与真空泵，进行抽真空操作。

③ 打开透平出口蒸汽阀门，打开透平主汽阀、透平机体导淋及蒸汽出口管线上的排凝阀，进行背压暖机。

④ 透平盘车。

⑤ 逐渐打开压缩机进出口阀，将压缩机机体与二段系统连通。

⑥ 全开防喘振阀。

⑦ 将PG-PL调速器刻度盘旋钮调至最小速度位置，将仪表风压信号调至最小。

⑧ 复位中控室或控制盘上的复位按钮。

⑨ 逐渐打开主汽阀直至透平低速转动，为了使透平各部分加热均匀，保持透平在低速500r/min左右运行一段时间，利用主汽阀的开度控制透平转速。应避免透平长时间在过低的转速下运行，以免造成轴承、干气密封损坏。

⑩ 按照透平升速曲线逐步提高透平转速，注意在临界转速区不要停留。在升速过程中，检查干气密封系统各压力、压差、流量等是否在正常范围，并注意监控压缩机进出口流体的压力、温度是否正常。当进入调速器最低动作范围，调速器开始动作时，全开主汽阀并回转两圈。

⑪ 当全开主汽阀后，可关闭如下排凝阀：主汽阀、透平机体导淋及蒸汽出口管线上的排凝阀。

⑫ 逐步关小防喘振阀，以增加压缩机出口流量，适当调节吸入阀开度，保持压缩机正常的循环流量。

⑬ 当压缩机进、出口压差达0.1MPa以上时，将通往主密封的氮气改为压缩机的出口氢气，并关闭氮气截止阀。

⑭ 逐渐将二段反应系统升至正常操作压力，并注意不断调整循环氢压缩机的出口流量、干气密封主密封压差等工艺参数。

⑮ 检查运行中的压缩机进出口温度、压力、轴振动、轴位移、噪音及回油温度是否正常。

5.1.5 加热炉开车

5.1.5.1 *加热炉烘炉*

在加热炉首次投用时，应对炉膛升温烘干，目的是除去炉壁耐火材料中的水分，以防加热炉投用时升温快，造成耐火材料开裂、脱落损坏。

(1) 烘炉前应具备的条件

① 公用工程具备使用条件

② 加热炉系统各专业施工、安装工作完成。

③ 管线保温完，施工用脚手架、临时爬梯支架等拆除完毕，现场清理干净。

④ 炉子风门、挡板调试完毕，动作灵活。

⑤ 仪表调试完具备使用条件，各调节阀调试完毕，系统报警联锁调试正常具备使用条件。

⑥ 烘炉前现场消防器材就位，二段加热炉区域用警戒绳隔离，以防闲杂人员进入。

⑦ 燃料气管线气密、置换合格，流程设定完毕。

⑧ 炉膛吹扫蒸汽具备投用条件。

⑨ 加热炉烘炉方案及烘炉记录表印发至岗位操作人员，进行烘炉操作期间，应记录有关烘炉数据。

(2) 点火操作

① 电磁阀复位。

② 确认大火嘴和常明灯的燃料供应阀关闭；确认防爆门、窥视孔、人孔关闭。

③ 全开烧嘴的风门和烟囱挡板，对炉膛及FG管线吹扫、置换，测爆合格。

④ 设定烟道挡板、风门开度合适，打开常明灯燃料供应阀门，点燃常明灯。

⑤ 常明灯点燃后，缓慢地打开大火嘴燃料气供应阀，立即点燃大烧嘴。

⑥ 如果点不着火，则需切断全部燃料，分析原因处理后重新对炉膛吹扫、测爆，合格后点火。

⑦ 炉子点燃后，调节烧嘴风门和烟道挡板，确保火焰燃烧状况良好，炉温、炉膛负压正常。

⑧ 当增加燃料升温时，炉子升温速度(常规)应不大于30℃/h。

(3) 烘炉操作

在加热炉首次投用时，应对炉膛升温烘干，升温速度不大于30℃/h(最大)，降温速度不大于50℃/h；烘炉时加热炉炉管内不需要加入任何介质，但要严格控制加热炉横跨温度不得大于300℃。二段加热炉烘炉升温曲线见图5-3。

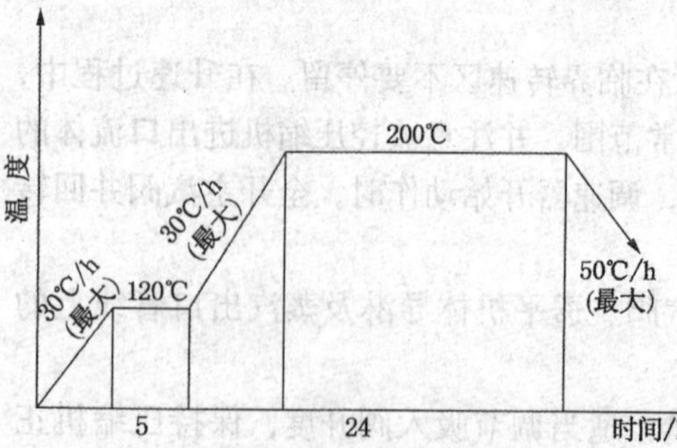

图5-3 某装置二段加热炉烘炉升温曲线图

(4) 加热炉的操作注意事项

① 在加热炉首次投用时，应对炉膛升温烘干，升温速度不大于30℃/h，降温速度不大于50℃/h。

② 烘炉期间，因温度的限制不能同时点燃全部大烧嘴，应间隔一定的时间，轮流切换大烧嘴，以使炉膛内壁均匀受热。

③ 烘炉时加热炉内不需要加入任何冷却介质，也不需要开循环氢压缩机进行气体循环，但要严格控制加热炉横跨温度不得大于300℃。

④ 烘炉期间，调节适当的炉膛负压，并根据炉子烟气分析结果，调节一次风门和二次风门开度，提供适当的过剩空气。

⑤ 在加热炉的室外巡检过程中，主要观察炉子的火嘴是否燃烧良好、炉管是否有裂纹、炉膛负压是否正常、烟道挡板和风门是否在正确位置、室外燃料气压力表指示值是否和室内一致等。

⑥ 在室内加热炉的操作中，应注意加热炉的燃料气压力和炉子的出口温度，防止达到联锁值而造成停车事故。

5.1.5.2 加热炉正常开车

① 确认大火嘴和常明灯的燃料供应阀是关闭的；

② 确认防爆门、窥视孔、人孔都是关闭的；

③ 确认循环氢压缩机运行正常；

④ 全开烧嘴的风门和烟道挡板，对炉膛及FG管线吹扫、置换，测爆合格；

⑤ 设定风门和烟道挡板合适的开度，打开常明灯燃料供应阀，用点火棒将常明灯点燃，电磁阀复位；

⑥ 常明灯点燃后，缓慢地打开大火嘴燃料气供应阀，立即点燃大烧嘴；

⑦ 如果点不着火，则需切断全部燃料，分析原因处理后重新对炉膛进行吹扫、测爆，合格后点火；

⑧ 炉子点燃后，调节风门和烟道挡板，提供适当的过剩空气，确保火焰燃烧良好，炉温、炉膛负压正常；

⑨ 当炉子升温时，升温速度应不大于60℃/h。当加热炉出口温度达200℃恒温时，应进行二段反应系统的“热把紧”，并检查系统是否有泄漏；

⑩ 确认预分馏各塔系统与一段反应系统运行正常，一段加氢产品经混合喷嘴旁路、高压闪蒸罐、硫化氢汽提塔返回加氢原料罐；

⑪ 调整室内燃料气调节阀与加热炉大火嘴的开度，以≤50℃/h的速率将加热炉的出口温度提至操作温度；

⑫ 逐渐关闭混合喷嘴旁路阀，同时投用混合喷嘴，关闭被投用喷嘴的吹扫氢气阀，投喷嘴期间压差应保持在0.7~1.45Mpa；在投用混合喷嘴期间，调整室内燃料气调节阀与加热炉大火嘴的开度，以保证加热炉的出口温度不发生大幅波动；

⑬ 加热炉运行正常后将该系统各联锁挂上。

5.1.6 催化剂的活化和预硫化

5.1.6.1 一段催化剂活化操作

一段催化剂活化操作详见“4.1.7.1”和“4.1.7.2”

5.1.6.2　二段催化剂预硫化

二段催化剂预硫化操作详见“4.1.8.2”

5.1.7　精馏系统投油和操作调整

5.1.7.1　流程设定原则

① 打开预分馏系统各调节阀、流量计的上下游阀，关闭其旁路阀。

② 关闭进料调节阀。

③ 关闭脱戊烷塔、BTX 塔的塔釜物料采出阀。

④ 关闭脱戊烷塔、BTX 塔的回流罐物料采出阀。

⑤ 关闭脱戊烷塔、BTX 塔的 MS 流量调节阀。

⑥ 脱戊烷塔、BTX 塔的压力控制阀均设定好阀位；回流量调节阀稍开一定的阀位，准备物料通过。

⑦ 打开脱砷反应器进料混合器的上下游阀，关闭其旁路阀。

⑧ 打开脱砷反应器的出料阀，关闭其旁路阀。

⑨ 关闭沉降分离罐、进料缓冲罐底部返回阀。

⑩ 打开沉降分离罐进、出料阀，关闭其旁路阀。注意该罐的出料阀、旁路阀只能在安全液循环后才可打开。

5.1.7.2　预分馏系统全回流操作

① 确认预分馏系统氮气置换已合格，流程设定好，全部仪表已调校完毕待用，全部的公用系统准备就绪待用；中压蒸汽暖管至调节阀前；脱砷剂准备好。

② 流程设定正确，将 BTX 塔压力泄至微正压，将喷射泵水封槽充满水，喷射泵冷凝器充水、排气，打开 BTX 塔喷射泵中压蒸汽截止阀，中压蒸汽通到喷射泵，打开工艺侧线物料阀，将 BTX 塔压降到 -0.075MPa。

③ 将 BTX 塔压调节器投自动，当塔压过低时用氮气补充。

④ 通知相关人员启动脱戊烷塔原料油供应泵，手动打开流量控制阀，控制裂解汽油以一定的流量进入装置。

⑤ 当脱戊烷塔釜液位为 50% 时，手动控制蒸汽流量调节器把中压蒸汽通入再沸器，此时结束脱戊烷塔再沸器暖管。调节中压蒸汽流量，控制塔釜温度在设计值，但要防止塔釜液位下降太快。

⑥ 当回流罐压力上升到 0.1MPa 时，用压力控制器控制并稳定塔压在 0.1MPa 左右，并检查“A”、“B”阀的动作情况。

⑦ 当回流罐液位达 50% 时，启动回流泵，建立全回流操作。

⑧ 当灵敏板温度达正常值时，投用温度控制器，与蒸汽流量控制器串级调节塔釜温度。逐渐增加该塔负荷至设计值；增加塔压至 0.125MPa。

⑨ 当脱戊烷塔釜液位超过 50% 继续快速上涨时，启动塔釜采出泵，稍开脱砷反应器的出料调节阀，将脱戊烷塔釜物料送至脱砷系统，同时完成脱砷系统的排气工作。

⑩ 脱砷反应器的内部气相应缓缓排入 BTX 塔系统，要注意观察脱砷系统压力。当脱砷反应器的顶部液位计显示充液已满后，调节脱砷反应器的出料调节阀控制进入 BTX 塔的流量。

⑪ 当 BTX 塔釜液位达 50% 时，启动塔釜循环泵，强制塔釜循环流经再沸器返回塔釜，通过调节阀来控制循环量。然后，手动控制蒸汽流量调节器将中压蒸汽逐渐通入再沸器，关

闭暖管导淋。调节中压蒸汽流量，控制塔釜温度至设计值，但要防止塔釜液位下降太多。

⑫ 当回流罐的液位达50%时，启动BTX塔回流泵；手动关闭C_6～C_8采出阀，用回流调节阀控制回流量进行全回流操作；逐渐增加回流量，但要维持回流罐液位。

⑬ 当该塔灵敏板温度达设计值时，投用温度控制器，与蒸汽流量控制器串级调节塔釜温度。调节压力控制器，逐渐降低塔压至－0.075MPa。

⑭ 投用BTX塔尾气冷却器。

⑮ 根据需要，增加各塔负荷，调节温度、压力、流量、液位，使之在全回流状态下正常运行。

⑯ 流程设定好，分别启动抗氧化剂泵、阻聚剂泵和CHP泵，调节冲程至规定值。

⑰ 上述每一步均注意现场查漏。

5.1.7.3 预分馏馏分采出

① 当脱戊烷塔回流罐的液位超过50%并继续快速上涨时，把C_5产品用回流泵升压，送到C_5贮罐。

② 当BTX塔釜液位超过50%并继续快速上涨时，手动打开塔釜液位控制阀，把塔釜C_9产品经冷却器冷却，送往C_9贮罐。

③ 当BTX塔釜回流罐的液位超过设定值50%，把C_6～C_8馏分用回流泵升压，去沉降分离罐及一段进料缓冲罐。

④ 一段进料缓冲罐的液位上升到50%时，打开沉降分离器及缓冲罐上返回阀门，将C_6～C_8馏分返回到裂解汽油原料罐。

5.1.8 反应系统投油及操作调整

5.1.8.1 投油前系统应具备的条件

① 一段加氢催化剂的活化已完成，压力由氢气压力调节阀自动控制在2.65MPa下；二段催化剂已预硫化结束，且二段系统循环氢运转正常；预分馏系统及脱砷系统运转正常。

② 为了使一段反应器压力高于二段反应器，可从高压闪蒸罐顶的泄压阀排出少许氢气，以维持压力平衡。

③ 通过二段反应器的循环氢要控制一定的流量，以维持压缩机出口的正常流量。

④ 确认停止安全液循环，一段循环泵继续运行，关闭混合喷嘴的所有物料截止阀。

⑤ 提高二段加热炉的温度，使A、B炉的出口温度达到要求值，打开各混合喷嘴氢气吹扫阀，对各混合喷嘴进行氢气吹扫。

5.1.8.2 投油及调整操作

① 从一段进料缓冲罐的取样口中取样分析，合格后启动一段反应进料泵，并调节一段反应进料调节阀，使到一段反应器的进料量达要求值。在向一段进料时，渐渐关小沉降分离器及缓冲罐上返回阀门，调整预分馏负荷，注意维持一段进料缓冲罐的液位。

② 当催化剂床层温度升高时，应调整温度调节阀开度，提高冷循环量，以维持和稳定催化剂床层温度。待反应温度和循环流量稳定之后，温度调节阀和流量调节阀这两个控制器都应切至自动，应非常仔细地调节冷、热循环量。同时，注意催化剂床层温度的变化。

③ 新鲜液体进入一段反应气液分离罐后，就启动二段进料泵，用二段进料调节阀控制该股物流流量，维持气液分离罐液位为正常液面。

④ 物料从混合喷嘴的旁路通过二段出料冷凝器进入高压闪蒸罐，用高压闪蒸罐液位控制阀控制进入硫化氢汽提塔。

⑤ 打开二段产品返回阀，关闭采出阀，用硫化氢汽提塔釜液位调节器控制，将裂解汽油通过返回管线送到原料贮罐，以作再处理。

⑥ 启动缓蚀剂注入泵，将缓蚀剂注入到二段反应器出料冷凝器上游和硫化氢汽提塔塔顶冷凝器的入口管线，缓蚀剂浓度控制在一定量。

⑦ 打开二段进料预热器壳程的蝶阀，用热氢气流来预热新鲜液体，把预热器温度控制器置于自动调节，温度设定在180℃，根据操作情况，调节壳程出口蝶阀开度。

⑧ 关小混合喷嘴旁路阀，直到混合喷嘴的压差表指示为1.4MPa为止；打开混合喷嘴“C”的截止阀，关闭到混合喷嘴“C”氢气吹扫管线上的针形阀。

⑨ 关闭混合喷嘴旁路阀，使所有的新鲜物料通过混合喷嘴进入二段反应器；新鲜物料进入混合喷嘴后，二段反应器入口温度就会下降，调节燃料气供应量，使二段加热炉“B”盘管的入口温度维持在185℃，并切换到自动位置；调节反应器入口温度控制器，使其入口温度控制在270～300℃；仔细观察二段反应器床层温度变化情况。

⑩ 待混合喷嘴“C”切换到正常状态时，启用硫化氢汽提塔压力控制器并投入自动，其设定值为0.6MPa；调节硫化氢汽提塔各操作参数，液相物料继续通过返回管线送向原料贮罐；混合喷嘴压差必须大于0.7MPa，如压差减小，可提高二段反应器进料量来维持，但要防止一段加氢反应器气液分离罐液位快速下降。

⑪ 当整个单元操作正常后，逐步提高生产负荷，每次提高负荷时都要在反应器床层温度稳定、没有进一步温升的情况下进行。

⑫继续增加脱戊烷塔及反应部的进料，以维持一段进料缓冲罐的液位和一段反应器气液分离罐的液位在50%左右；在增加整个单元负荷时，对各塔要精心调节塔压、塔温、回流量等，使它们在正常操作条件下运行，并注意一段和二段反应器的床层温度变化情况。

⑬当二段反应器增加进料时，需要将更多的混合喷嘴投入使用，完成该程序的步骤如下：继续增加单个混合喷嘴的进料量，直到混合喷嘴压差大于1.5MPa时，再投用一个喷嘴“D”，打开喷嘴“D”的入口截止阀，关闭其氢气管线上的针形吹扫阀。

⑭ 一段循环量与新鲜进料之比不小于3:1；一段反应器的总循环量必须调节到维持反应器床层温差不大于40℃。生产稳定2h后，产品取样分析，产品合格则停止返回，通知调度改为外送；若不合格，则调整系统运行，提高二段反应器入口温度。

⑮ 逐渐增加各部分负荷，直至一段进料达正常流量；根据实际运转情况的需要，投用另外混合喷嘴，维持混合喷嘴压差在0.7～1.4MPa；喷嘴投用速度要缓慢，以保证加热炉出口温度波动不大于60℃/h。

5.2 装置正常停车

5.2.1 停车准备

做好停车计划，使每个操作工人能详细了解本次停车的时间、目的、范围及深度，与上、下游岗位及调度联系好，准备好足够的空桶及胶管以备倒空、置换所用。

5.2.2 正常停车

正常停车是指装置运行后期、由于某些关键设备在运行过程中出现机械故障或塔设备分离效果差，反应器的生成产物不合格，导致生产不稳定需停车对其消缺。也有因各设备运行周期过长，运行工况变差，须进行清理、检修而引起的停车。正常停车是有计划、有准备的停车。

5.2.2.1 加热炉正常停车

① 逐步降低二段负荷，在降负荷过程中，要及时调整一段和预分馏系统的负荷及液位。

② 降低加热炉热负荷，降温速度应不大于50℃/h。

③ 继续降二段负荷，当混合喷嘴压差降至0.85MPa时，渐关混合喷嘴"A"的截止阀，打开该喷嘴氢气吹扫针形阀。

④ 当停混合喷嘴"A"后，混合喷嘴压差将上升，继续降各部负荷，调节燃料量，降炉子出口温度。

⑤ 分别停混合喷嘴"C"、"D"，操作方法同停"A"。

⑥ 当"B"炉出口温度降到250℃以下时，停所有喷嘴，一段加氢汽油全部由混合喷嘴旁路通过。

⑦ 继续以不大于50℃/h的速度降温，当"B"炉出口温度小于150℃时，关闭燃料气根部阀，停炉，让其自然降温。

⑧ 为保护催化剂，炉子出口温度在150℃以上时，循环氢不允许长时间流通。

5.2.2.2 压缩机正常停车

① 摘除压缩机低流量联锁。

② 用调速器将透平转速调至最低转速，并逐步降低二段反应系统压力。关闭主汽阀，降低透平转速，在降压、降速过程中防止压缩机发生喘振。

③ 当系统的压力降至0.5~0.6MPa时，将通往主密封的氢气改为专用氮气，同时关闭氢气管线上的阀门。

④ 慢慢关闭主汽阀直至全关，停压缩机。

⑤ 关闭压缩机进、出口阀，对机体泄压至氮气压力下，将氮气接入机体内，维持油路系统循环，以降低压缩机内各部份温度，并且注意对压缩机盘车。

⑥ 全关透平MS入口阀与LS出口阀。打开MS、LS管线导凝及透平机体所有排凝阀，透平间断盘车降温。

⑦ 停泄漏蒸汽冷凝器喷射泵。

⑧ 在透平完全冷却以后，则停止润滑油系统和干气密封系统运行。

5.2.2.3 反应系统停车

① 用一、二段进料调节阀控制降低一段加氢反应器与二段加氢反应器的负荷。加氢汽油产品切至返回管线，送往裂解汽油贮罐。将不能平衡的预分馏中心馏分C_6~C_8由沉降分离罐和一段进料缓冲罐底返回管线返回裂解汽油贮罐。

② 按"5.2.2.1加热炉正常停车"步骤对加热炉进行停车处理。

③ 保持预分馏系统和一段系统运行稳定，保持一段进料缓冲罐和一段气液分离罐的液位稳定。

④ 用一段氢气压力调节阀和压缩机流量调节阀控制，适当减小补充氢气量和循环氢气量。注意一段反应系统和二段反应系统的压力，防止二段反应系统的氢气倒流到一段反应系统，使一段催化剂中毒。

⑤ 停一段反应进料泵和二段反应进料泵。预分馏中心馏分C_6~C_8由沉降分离罐和一段进料缓冲罐底返回管线，全部返回裂解汽油贮罐。预分馏维持低负荷运转，循环氢压缩机继续运转，以降低二段反应系统内温度。用高压闪蒸罐采出阀控制，将高压闪蒸罐的液位压向

硫化氢汽提塔，使其液位在30% 。

⑥ 将一段反应器冷、热循环控制阀切至手动，在维持最大冷循环量下(即关闭热循环控制阀，打开冷循环控制阀)，将一段反应器床层温度降下来。

⑦ 关闭一段反应气液分离罐上气相抽出阀门，将一段、二段隔离，同时打开二段氢气补充阀，以维持压缩机运行。

⑧ 当一段反应器床层温度降至40℃以下后，停循环泵。

⑨ 循环泵停止运行后，停一段氢气进料，以不大于1.4MPa/h的速度将一段反应系统内的压力降为1~1.5MPa。

⑩ 将一段反应器压力由一段泄压阀泄压至0.1~0.2MPa，然后充氮气，将反应器内的液体由一段循环冷却器处不合格管线排入裂解汽油贮罐。

⑪ 停缓蚀剂泵。

⑫ 关闭二段新鲜氢补充阀，按“5.2.2.2 压缩机正常停车”步骤停压缩机。

5.2.2.4 预分馏系统停车

① 反应系统的原料供应泵停止运行后，停止脱戊烷塔的进料(关闭原料进料阀)，逐渐停止预分馏各再沸器的热源。各塔的回流继续进行，直到回流罐液位降至较低液位，停回流泵，维持各塔压力。

② 停运阻聚剂与脱砷剂注入泵，抗氧化剂注入泵是否停运视具体情况而定。

③ 将脱戊烷塔底部液体由塔釜采出泵通过脱砷反应器旁路打入BTX塔，脱砷反应器内物料由底部排泄管线压向BTX塔，再用BTX塔釜循环泵将该塔底部液体打入重裂解汽油贮罐。停蒸汽喷射泵，关闭喷射泵工艺侧截止阀，用BTX塔压力调节阀给塔充压。

④ 将各塔、罐、反应器的内部残液装桶。装完后氮气置换，二段反应系统由二段泄压阀控制，一段反应系统由一段泄压阀控制，预分馏部由回流罐压力调节阀控制，向火炬系统排放。合格后对各设备、管线进行氮气吹扫。

5.2.3 系统倒空

停车完毕后，将装置内各系统通过压力排放泄入火炬，泄压至0.01~0.02MPa后充氮气。BTX塔停喷射泵，关闭喷射泵工艺侧截止阀后氮气充压。(预分馏系统防超压，最高压力不得超过0.2MPa)。启动各塔、罐的出料泵，将其残余液位抽空后停泵。确认关闭C_5、C_9、裂解汽油、加氢汽油、H_2、FG的界区阀，以防窜料。然后，设定流程，接胶管，利用设备内氮气压力将设备、管线内残料由不合格产品返回线送往原料罐并扫线(扫线时避免大量N_2进入原料罐，以防冲翻浮顶)。低点、死角地带的残液装桶，残液倒完后，利用氮气尽量置换系统内的烃类气体，彻底倒空烃类液体。

5.2.4 系统置换

装置倒空后即可进行氮气置换，合格后执行蒸煮方案，然后用水润湿塔，通风置换。

5.2.4.1 氮气置换

关闭所有界区阀，各装置之间的连通阀关闭，装置内部阀门打开。采用分装置氮气涨压置换三次以上，气体进入火炬排放，直至取样分析合格[有机物含量<0.2(vol)%]。

注意：预分馏系统防超压，涨压时最高压力不得超过0.2MPa。

5.2.4.2 蒸煮

倒空置换合格后，确认需要蒸煮的塔、罐吹扫N_2已完成，各排放点已关闭，控制各塔、罐的连续蒸煮时间不少于24h。

蒸煮开始前与结束后必须采取的安全措施：在各塔、罐、脱砷反应器等设备特别是易结焦的设备的人孔、封头被打开后，应立即引消防水或UW水进行设备内部连续喷淋，保持设备内部湿润以防自燃，直至设备内部胶质、铁锈等杂物被清理干净方可停止水喷淋。

（1）塔系统蒸煮

① 在脱戊烷塔、BTX塔、硫化氢汽提塔的塔釜UC阀处接胶管注水。

② 打开上述各塔顶的人孔。

③ 各塔的再沸器通入MS进行加热。

④ 各塔回流罐随同各塔一起蒸煮，也可引LS进行蒸煮。

⑤ 蒸煮时塔釜注意补水，通过调节加热量来控制各塔塔釜有一定液位。

（2）罐蒸煮

打开一段进料沉降罐、一段进料缓冲罐、二段高压闪蒸罐、压缩机吸入罐等设备的罐顶放空阀。在上述各罐的导淋处接胶管，通入LS进行蒸煮。

（3）脱砷反应器蒸煮

打开脱砷反应器顶部封头，由该反应器底部导淋接胶管引LS进行蒸煮。

（4）管线蒸煮

停车后，对有动火项目的工艺管线应实施蒸煮处理。在需蒸煮的管线上游导淋接胶管引LS通入，在其下游导淋进行排放，污水排入化污井处理。

5.2.5 系统隔离

系统隔离是以加装盲板或倒转“8”字盲板来实现的。停车前，应由相关技术人员根据具体检修项目，制定严密的盲板方案，包括盲板图、盲板一览表等。

① 盲板的加拆要按盲板一览表登记造册，以防漏加、漏拆。

② 盲板位置严格按盲板图，不得随意更改。

③ 加盲板前管线内物料应倒空干净。蒸煮的管线应停汽，降至常温，吹扫的管线应停氮气。

④ 盲板加拆要进行三级确认。

⑤ 检修人员必须要接到盲板工作票后，才能由盲板负责人带领到相应的位置加、拆盲板。

⑥ 盲板加拆时应有专人负责配合，并现场监护。

⑦ 严格按盲板加、拆程序进行盲板的加拆工作。

⑧ 在盲板的抽堵作业过程中，法兰螺栓要对称松、紧，防止余压或残料出来。由于阀门不严或内有聚合物，致使系统倒空难以彻底洁净，少量残料出来时，要用容器接收好，或立即复位，听候处理。

发现意外或不明情况时，要根据情况果断处理。

第6章 正常操作与产品质量控制

6.1 装置单元设备的正常操作

6.1.1 离心泵的操作

6.1.1.1 投用

① 对泵的轴承箱加油，检查冷却水是否畅通。

② 全开吸入阀，对泵进行充液。微开排气阀，将泵体内气体排净，然后关闭排气阀。对于泵吸入侧为正压的向大气排放，对于泵吸入侧为负压的，则向系统设备中排气。打开现场压力表根部阀。

③ 手动盘车，检查有无故障。

④ 如果安装有最小回流管线，则打开最小流量阀。

⑤ 在泵启动前应确认泵出口下游的设备和管线能接受物料。

⑥ 启动泵，确认电机旋转方向正确。

⑦ 当泵出口压力达到正常压力时，逐渐打开出口阀。

⑧ 工艺系统运行正常后，关最小流量阀。

⑨ 有联锁装置的，应把切换开关打到相对应的位置。

⑩ 检查泵的出口压力、流量、电流、震动情况。检查机械密封、油封等有无泄漏。

6.1.1.2 停用

① 慢慢关小出口阀。

② 有最小流量阀的应在出口阀关闭之前将其打开。

③ 全关出口阀。

④ 停泵，关最小流量阀。

⑤ 如泵需要检修，则应关闭泵的入口阀倒空卸料后进行检修。

6.1.1.3 泵切换注意事项

① 按正常的开泵程序启动备用泵。

② 为防止泵的出口流量波动，在开备用泵出口阀的同时应关被切换泵的出口阀。

③ 确认备用泵运行正常时才可停被切换泵。

④ 做好停用泵的冬季防冻工作。

6.1.1.4 机泵倒空及过滤器的清理

① 先关闭出口阀再停泵。

② 关闭泵的进出口阀以及最小回流阀。

③ 打开泵体的排污导淋倒液，打开泵体或泵出口管线上的放空阀进行导液。

④ 泵体内物料倒空后，拆过滤网。

⑤ 将过滤网上及过滤器内的杂质清除干净。

⑥ 过滤网复位，对过滤器气密、N_2置换。

⑦ 关闭泵体导淋、稍开放空阀门，打开泵的进口阀，给泵充液完成后，关闭放空阀门

备用。

6.1.2 往复泵的操作

6.1.2.1 投用

① 检查泵轴承箱内的油位并排气。

② 对泵进行盘车，检查有无故障。

③ 全开进、出口阀，并设定好去用户的流程。

④ 确认泵的冲程调节器指示为零。

⑤ 启动泵，确认电机旋转方向正确，检查泵有无泄漏、振动、噪音等情况。

⑥ 根据出口压力和流量调整往复泵的冲程到需求值。

6.1.2.2 停用

将泵的冲程调至零。停泵，关闭进出口阀。如长期停车则需倒空、清净泵体及管线内物料，如冬季要做好防冻工作。

6.1.3 BTX塔蒸汽喷射泵的操作

6.1.3.1 投用

① 初次抽真空前，应将BTX塔系统压力泄到最低程度，以减少抽真空时间。

② 确认喷射泵冷凝器内已经通上冷却水。

③ 确认水封槽已充满水，水封良好。

④ 渐渐打开MS管线上截止阀，将MS通入蒸汽喷射泵。

⑤ 正常后，打开工艺侧尾气管线上的阀门。

⑥ 投用压力控制调节阀调节BTX塔系统操作压力。

6.1.3.2 停用

关闭工艺侧尾气管线上的阀门，关闭MS管线上阀门，注意做好防冻工作，防止设备损坏。

6.1.4 往复式循环氢压缩机的操作

6.1.4.1 开车

① 确认机、电、仪具备开车条件。

② 将夹套水通到机体，夹套水加热器投用，将水温控制在一定范围内。

③ 确认盘车正常。

④ 压缩机电机、辅油泵电机、表盘送电。

⑤ 现场表盘报警灯、联锁灯复位正常，室内DCS相关报警、联锁信号复位正常。

⑥ 工艺流程确认正常，压缩机系统 N_2 置换合格后，打开压缩机进出口阀，将压缩机与二段系统连通，并升压至系统压力。

⑦ 辅助油泵在手动位置启动并达到规定压力。

⑧ 确认在0%负荷启动压缩机，无问题后将辅油泵控制开关切到自动位置。

⑨ 释荷器（负荷调节器）控制开关依次按25%、50%、75%、100%逐步提高压缩机负荷，每增加一次负荷后，应检查压缩机进出口压力、进出口温度、夹套水温度、油压、电流及机组的振动和噪音等情况。

6.1.4.2 停车

将释荷器控制开关按75%、50%、25%、0%依次逐步降低压缩机负荷。按停车按钮，停压缩机。

6.1.4.3 切换注意事项

① 为防止压缩机的出口流量波动，准备投用的压缩机按25%、50%、75%、100%依次提高负荷，应同时准备停用的压缩机按75%、50%、25%、0%依次降低负荷。

② 确认投用的压缩机运行正常后，才可停被切换的压缩机。停用的压缩机冬季要做好防冻工作。

6.1.5 将槽车内的CHP卸入储罐的操作

6.1.5.1 槽车卸料操作

① 穿戴好劳保用品。

② 将接料的金属软管与槽车出料口连接。

③ 将充压的氮气软管与槽车上氮气接口连接。

④ 打开CHP储罐进料阀、槽车出料阀、氮气气源阀。

⑤ 手动将槽车液压阀油压升至规定压力以上，关闭槽车气囊泄压阀，手动调节氮气压力0.5MPa给槽车气囊充压，开始接料。

⑥ 卸料完毕后，关闭CHP储罐进料阀、槽车出料阀、氮气气源阀，将液压阀油压及槽车气囊压力泄到零。拆除连接管线，摆放整齐。

6.1.5.2 卸料操作的注意事项

① 每次卸料前应预备足够的储罐库容，以确保槽车内CHP可以全部卸入储罐，也便于槽车卸空后利用其气囊内氮气直接对卸料管线进行扫线。

② 卸料过程中注意巡检从槽车至储罐的流程(如金属软管接口、管线法兰等)是否有泄漏，若发生泄漏，应立即停止卸料进行消漏处理。

③ 因CHP属于易燃易爆化学品，其储罐不可以完全装满，罐顶应留有一定空间。卸料时应密切注意储罐的液位，以防满罐、冒顶现象发生。

6.1.6 脱戊烷塔塔顶冷凝器的切换操作以及被切出后的工艺处理

为方便叙述，下面以脱戊烷塔塔顶冷凝器A至B台的切换操作为例进行介绍。

6.1.6.1 切换操作

① 确认B台氮气置换合格处于正常备用状态，所有阀门、导淋处于关闭状态。

② 打开B台循环水进出口阀，打开循环水侧放空阀排气后关闭。

③ 逐渐打开B台物料进出口阀直至全开，同时关闭A台物料进出口阀直至全关。室内协助调整，以防塔压、顶温等工艺参数出现大幅波动。

6.1.6.2 工艺处理

① 在A台工艺侧导淋接胶管将物料装桶。

② 倒空完毕后关闭A台循环水进出口阀，打开水侧放空阀、导淋将水排空。

③ 在A台工艺侧放空阀接氮气胶管进行置换直至合格。

④ 在A台物料进出口阀内侧加装隔离盲板。

⑤ 将A台工艺侧放空阀处氮气胶管改为LS进行蒸煮，蒸煮期间注意排凝。

⑥ 蒸煮结束后，停LS并排出A台工艺侧内残汽，拆除胶管交出检修。

6.1.7 BTX塔塔釜再沸器的切换操作以及被切出后的工艺处理

为方便叙述，下面以BTX塔塔釜再沸器A至B台的切换操作为例进行介绍。

6.1.7.1 切换操作

① 确认B台氮气置换合格处于正常备用状态，所有阀门、导淋处于关闭状态。

② 微开 B 台物料进出口阀进行充液。充液过程中注意塔压、塔釜液位、釜温、灵敏板温度的变化，室内协助切换及时采取调整。

③ 将 MS 调节阀放到手动位置，微开 B 台 MS 闸阀、MC(中压蒸汽凝液)闸阀及换热器蒸汽导淋进行升温，升温过程应缓慢进行，防止水击。

④ 逐渐打开 B 台物料进出口阀与 MS 蒸汽、MC 凝液闸阀直至全开，正常后关闭换热器蒸汽导淋。同时，逐渐关闭 A 台 MS、MC 闸阀与物料进、出口阀，关物料出口阀到微开状态，防止憋压。切换过程中注意塔压、釜温、灵敏板温度的变化，及时采取调整。

6.1.7.2 工艺处理

① 打开 A 台蒸汽侧导淋，将残汽排空。MS、MC 闸阀处加装隔离盲板以利于 A 台内物料降温。

② 待 A 台内物料自然冷却至常温后，关闭 A 台物料出口阀，在其工艺侧导淋接胶管将物料装桶。

③ 倒空完毕后，在 A 台工艺侧放空阀接氮气胶管进行置换直至合格。

④ 在 A 台物料进出口阀内侧加装隔离盲板。

⑤ 将 A 台工艺侧放空阀处氮气胶管改为 LS 进行蒸煮，蒸煮期间注意排凝。

⑥ 蒸煮结束后，停 LS 并排出 A 台工艺侧内残汽，拆除胶管交出检修。

6.1.8 压缩机润滑油冷却器的切换操作

① 确认备用油冷器循环水已投用。检查两台油冷器之间旁通管线中的截止阀是否已经打开，如未打开将其打开。

② 确认在用油冷器排气管线中的截止阀关闭，打开备用油冷器排气管线中的截止阀，当在排气管线上的回油视镜中看到有油排入油箱时，说明备用油冷器已经充满油，然后将排气阀关闭。

③ 转动三通切换阀控制杆，将需要清洗或维修的油冷器切换到备用油冷器。如润滑油温度出现波动，要及时调整冷却水阀门。

④ 关闭旁通管线上的截止阀，然后将需要清洗或维修的油冷器中的油和水排放干净，此时就可对其进行清洗或维修了。

⑤ 对切出的油冷器进行清洗、维修后，关闭油冷器的液体排放阀，打开旁通管线及排气管线上的截止阀，缓慢地让润滑油充满清洗维修后的油冷器，并在该油冷器内流动，然后关闭排气阀。此时清洗维修后的油冷器即进入待用状态。

6.1.9 压缩机润滑油过滤器的切换操作

(1) 检查两台过滤器之间旁通管线中的截止阀是否已经打开，如未打开将其打开。

(2) 确认在用过滤器排气管线中的截止阀关闭，稍稍打开备用过滤器排气管线上的截止阀，当在排气管线中的回油视镜中看到有油排入油箱时，说明备用过滤器已经充满油，然后关闭排气管线中的截止阀。

(3) 转动三通切换阀控制杆，将需要清理或维修的过滤器切换到备用过滤器。

(4) 检查润滑油压力无变化后，缓慢关闭旁通管线上的截止阀，然后将需要清理或维修过滤器中的油排放干净。此时，即就可对其进行清理或维修。

(5) 对切出的过滤器进行清理、维修后，关闭过滤器的液体排放阀，稍开旁通管线及排气管线上的截止阀，让油充满清理维修后的过滤器，并在该过滤器内流动，然后关闭排气阀。此时清洗维修后的过滤器即进入待用状态。

6.1.10 正常运行常见故障的判断和处理

下面介绍汽油加氢装置的一些常见异常现象及处理方法。

（1）异常现象：离心泵不上量

序号	原因	处理方法
1.	气蚀	提高吸入压力 降低物料温度 彻底分离物料中轻组份
2.	气缚	停泵排气
3.	过滤网堵	停泵清理过滤网
4.	设备问题	清理、检修叶轮通道 更换口环
5.	流程不通	打开泵的进出口阀 打开出口调节阀 打通下游流程 处理单向阀
6.	吸入罐空	停泵，罐充液至正常液位后重开
7.	旋转方向相反	重新对电机接线
8.	转速低(蒸汽小透平)	保证驱动气源压力正常 检修调速系统

（2）异常现象：离心泵的振动大

序号	原因	处理方法
1.	吸入量不足，泵内液体中有气体	停泵，排气后再启动 检查吸入罐是否空罐，重新建立吸入罐液位
2.	中心没找正	重新找正
3.	机械故障	停泵，检修处理
4.	入口过滤网堵	清理入口滤网
5.	管线配管受力大	停泵，检修处理
6.	基础钢性不足	加强基础

（3）异常现象：离心泵的机械密封泄漏

序号	原因	处理方法
1.	运行泵机封泄漏	切换机泵运行，检修泄漏机泵的机封
2.	备用泵机封泄漏	微开备用泵出口阀与出口止逆阀旁通，以泵不倒转为宜进行暖泵处理 若暖泵后仍泄漏，则投用该备用泵，以使机封受热膨胀阻止泄漏 投用后无效，则按运行泵机封泄漏处理

（4）异常现象：一段进料沉降罐排出大量游离水

序号	原因	处理方法
1.	BTX 塔真空泵凝液进入回流罐	降低 BTX 塔的真空度或在 BTX 塔稳定时停用真空泵
2.	脱戊烷塔回流罐排水不及时	加强该回流罐排水频次

续表

序号	原因	处理方法
3.	原料中游离水含量过高	联系原料罐区加强切水
4.	BTX 塔冷凝器或再沸器内漏	将内漏的换热器切出检修
5.	脱戊烷塔冷凝器或再沸器内漏	将内漏的换热器切出检修
6.	一段进料沉降罐和缓冲罐切水不及时	加强该罐切水频次

（5）异常现象：一段进料缓冲罐液位急剧大幅变化

序号	原因	处理方法
1.	窜料： 加氢汽油产品返回到该罐的阀门或开车时接安全液的阀门被打开 该罐底排污阀或返回原料罐的阀门被打开	检查流程，关闭窜料阀门
2.	一段进料沉降罐顶部除沫器堵塞	打开一段进料沉降罐旁路，将其切出，清理该罐除沫器
3.	预分馏各塔运行状况不佳	优化预分馏各塔运行
4.	预分馏与反应负荷不平衡	调整预分馏与反应负荷，使之平衡
5.	BTX 塔回流泵不上量	切换运行泵，清理泵的入口滤网或检修机泵
6.	该罐的进出料调节阀故障	打开调节阀旁路或用手轮打开调节阀，联系仪表人员检修

（6）异常时，BTX 塔淹塔

淹塔时塔釜位满，塔压差偏大

序号	原因	处理方法
1.	原料油组成发生较大变化，重组分含量增加	注意原料油的分析，发现组分偏重，可适当提高该塔塔釜温度或适当降低预分馏进料量，加大该塔塔釜采出量
2.	再沸器结焦严重，换热效果不好	增加塔釜循环流量 切换再沸器
3.	进料量过大	降低进料流量
4.	塔釜采出量偏小	检查流程，确认塔釜采出管线外送情况正常
5.	塔釜循环泵不上量	切换塔釜循环泵，清理滤网或检修
6.	液位假指示	请仪表检修处理

（7）异常现象：预分馏进料量不足

序号	原因	处理方法
1.	进料泵不上量	检查进料泵出口压力、运行是否正常，视不上量原因可采取拆检、清进口滤网等措施
2.	预分馏进料过滤网堵塞	清理滤网
3.	进料调节阀故障	打开调节阀旁路控制流量，切出调节阀检修
4.	脱戊烷塔进料预热器堵塞	打开旁路维持预分馏进料，切出该换热器清理

（8）异常现象：BTX 塔尾气温度过高

序号	原因	处理方法
1.	BTX 塔尾气冷却器内的丙烯冷剂量不足	检查该尾气冷却器内的丙烯冷剂液位，若冷剂不足，则开大冷剂调节阀，加大冷剂量

续表

序号	原因	处理方法
2.	塔顶循环水冷却器冷却效果差	增加塔顶冷却器循环水用量 适当降低 BTX 塔顶温
3.	BTX 塔真空度过高，导致部分真空泵蒸汽凝液进入尾气管线	适当补充氮气以控制适宜的 BTX 塔真空度 在 BTX 塔稳定时应停用真空泵

（9）异常现象：BTX 塔排出的尾气含有明显的烃类组分

序号	原因	处理方法
1.	脱戊烷塔 C_5 脱除不彻底，被带入后系统	调整脱戊烷塔操作，确保 C_5 彻底脱除
2.	BTX 塔尾气冷却器内的丙烯冷剂量不足	检查该尾气冷却器内的丙烯冷剂液位，若冷剂不足，则开大冷剂调节阀，加大冷剂量
3.	BTX 塔回流罐满罐	核对回流罐室内外液位是否正常，控制适宜的回流罐液位 检查回流泵是否上量正常，必要时切换回流泵 检查一段进料罐操作压力是否控制过高，妨碍 BTX 塔回流罐液位正常采出，控制一段进料罐操作压力不高于 BTX 塔回流泵出口压力
4.	尾气温度高	增加回流，减少塔釜加热量，加大塔顶冷却器的冷却水量

（10）异常现象：塔的灵敏板温度异常

序号	原因	处理方法
1.	再沸蒸汽调节阀卡死等故障	调整系统操作，在维持装置运行的情况下，立即联系仪表人员抢修
2.	系统排水不及时，造成游离水进入塔内，改变塔内温度分布	加强排水 检查原料中游离水含量是否过高
3.	塔的凝液疏水器故障	切出疏水器，凝液走旁路，联系人员检修
4.	塔釜循环量不足	切换塔釜强制循环泵 增加塔釜循环量控制阀的开度
5.	灵敏板温度热偶故障	手动控制塔釜加热，立即联系仪表人员抢修
6.	塔釜液位空	确认室内外液位指示正确 重新建立塔釜液位
7.	再沸器换热效果不良	再沸器切出清理
8.	进料温度大幅变化	尽快稳定正常的进料温度
9.	进料组成变化大	检查上游装置是否有异常情况，检查是否窜料

（11）异常现象：反应器压差上升

序号	原因	处理方法
1.	指示不准、仪表故障	请仪表检修处理
2.	负荷过大、H_2 不纯	降低反应负荷 通知分离单元改进工艺操作增加 H_2 纯度

续表

序号	原因	处理方法
3.	催化剂床层结焦严重	控制助剂注入量，减少焦质形成 降负荷运行 停车再生
4.	催化剂粉化严重	催化剂过筛重装或更换

（12）异常现象：一段反应床层温差过大

序号	原因	处理方法
1.	进料温度过高	增加一段冷却器的冷却水量 调节一段冷循量 调整入口温度
2.	循环物料量少	检查一段循环泵运行情况，若不上量，切换至备用泵 检查一段循环调节阀，保证其调节正常 降低进料量
3.	进料双烯值增加	优化预分馏操作，减少碳五夹带 增加一段冷循环量，降温、增大循环 若床温仍快速上涨，立即停反应器进料

（13）异常现象：一段反应床层温差过低

序号	原因	处理方法
1.	砷导致催化剂中毒	检查脱砷系统运行是否正常，调节 CHP 注入量，控制进料中砷含量小于 50μg/kg
2.	CO 使催化剂中毒	与分离单元联系，氢气质量若不能保证，则停车处理
3.	水使催化剂中毒	检查一段进料沉降罐、脱戊烷塔回流罐的排水情况 检查 BTX 塔尾气温度，若高于 40℃ 则降低 BTX 的真空度或停用真空泵，以防蒸汽凝液进入系统
4.	催化剂活性下降	提高反应器入口温度 降低生产负荷 停车对催化剂再生或更换
5.	进料中双烯含量少	调整预分馏运行，减少中心馏分的损失 降低循环量

（14）异常现象：二段床层温差过大

序号	原因	处理方法
1.	一段加氢产品不合格，造成二段加氢反应剧烈	调整一段反应系统运行，严格控制一段出口双烯值不大于 2gI/100goil
2.	二段反应入口温度过高，引起芳烃加氢	调节二段加热炉 FG 气量，以控制反应器入口温度 若无效，则需降负荷直至停止二段进料，二段床层泄压、氮气吹扫
3.	碳九脱除不干净	降低 BTX 塔的釜温，加大碳九采出

（15）异常现象：循环氢流量低

序号	原因	处理方法
1.	吸入压力低	开大入口截止阀及调节阀 适当减少吸入罐底部排放量 适当减少二段高压闪蒸罐顶部放火炬量 适量补充新鲜氢气 停车清理压缩机入口过滤网
2.	压缩机转速不足	检查中压蒸汽压力是否达到设计值 检查透平运行是否正常 手动调节调速器提高转速 防喘振阀内漏，检修处理
3.	管路上阻力降过大	适当关小二段各换热器进/出口碟阀，增加旁路阀开度以减小换热器阻力降 在硫化氢汽提塔操作温度正常的情况下，开大其灵敏板温度控制阀 分段测管路上阻力降，有异常则停车排除

（16）异常现象：一段剩余氢气流量下降

序号	原因	处理方法
1.	一段气液分离罐至二段压缩机吸入罐，两端的氢气压差过小	适当增加压缩机吸入罐底部放火炬量 适当增加二段高压闪蒸罐顶部放火炬量 停止二段新鲜氢补充
2.	二段反应系统耗氢量减少	合理分配一段、二段加氢负荷，可采取适当降低一段反应入口温度等方法进行调整
3.	剩余氢气线阀门开度过小	全开该阀门

（17）异常现象：二段加热炉加热效果不佳

序号	原因	处理方法
1.	FG 压力过低	适当增加 FG 调节阀开度，若调节阀故障则用手轮调节开度，联系仪表人员检修 检查是否 FG 总管压力偏低，联系供气方面要求尽快恢复
2.	烧嘴孔眼堵塞	二段降负荷运行，然后将烧嘴逐个切出清理
3.	烟气氧含量过高，造成热效率低	调整烟道挡板、风门挡板的开度，控制适当烟气氧含量
4.	燃烧效果不好	调节风门和烟道挡板
5.	燃料气组成变化	调整操作

（18）异常现象：硫化氢汽提塔回流罐液位过高

序号	原因	处理方法
1.	脱戊烷塔 C5 脱除不彻底，被带入后系统	调整脱戊烷塔操作，确保 C_5 彻底脱除
2.	硫化氢汽提塔回流罐排水不及时，造成游离水回流入塔，改变塔内温度分布	加强回流罐排水

续表

序号	原因	处理方法
3.	塔系统加热量过大	减少塔釜加热量
4.	塔顶冷却器冷凝量过大	减少塔顶冷凝量
5.	塔压控制过低	调整塔压

（19）异常现象：压缩机密封油回油温度高

序号	原因	处理方法
1.	润滑油温度高	调节油箱内加热蒸汽，使油箱温度保持在45～50℃调节润滑油出口冷却器循环水量，使润滑油温度保持在45℃
2.	循环氢入口温度高	加大二段出料冷却器水量，使出料温度在正常值 补充新鲜氢置换
3.	浮环或压缩机其他内件磨损严重	检查设备运行情况，必要时停车检修
4.	润滑油冷却器冷却效果差	切换至备用冷却器

（20）异常现象：压缩机振动或噪音增大

序号	原因	处理方法
1.	找正不好偏差大	卸下联轴节，让驱动机单独运转，如果驱动机不振动，故障可能由未找正引起的，需要重新找正
2.	吸入量不足	提高入口压力 增加压缩机吸入阀开度 开大防喘振阀 若进口过滤网堵，则要停车清理
3.	压缩机转子不平衡	检查转子，看看是否由脏物引起不平衡，必要时重新做动平衡检查
4.	润滑油规格不对或油品质恶化而使轴承磨损	保证使用的油符合规定，定期分析润滑油质量是否变化，必要时进行更换；检查轴承，必要时更换轴承
5.	管线应力大	适当固定管线，以防机壳应力过大 检查管线胀力设计，管子应有足够的弹性，以满足热膨胀的要求
6.	喘振	检查压缩机操作条件是否严重偏离正常控制范围导致喘振，改变操作条件，远离喘振点运行

（21）异常现象：压缩机吸入罐高液位

序号	原因	处理方法
1.	二段高压闪蒸罐底部出料调节阀故障，造成满罐现象	立即打开该调节阀旁路以打通流程，然后打开吸入罐底部放火炬阀门，将罐内液体排入火炬系统
2.	吸入罐底部放火炬管线堵塞	疏通吸入罐底部放火炬管线 若无效，则增配临时管线，待有停车机会再彻底处理
3.	二段高压闪蒸罐高液位，造成气液夹带量增加	控制较低的二段高压闪蒸罐液位 利用停车检修机会，更换二段高压闪蒸罐顶部滤网

续表

序号	原因	处理方法
4.	一段气液分离罐高液位，造成气液夹带量增加	控制较低的一段气液分离罐液位 利用停车检修机会，更换一段气液分离罐顶部滤网

（22）异常现象：压缩机转速偏低

序号	原因	处理方法
1.	蒸汽进口压力太低或排汽压力太高	检查透平进口和出口处的蒸汽压力，按照透平铭牌上规定的蒸汽条件操作
2.	压缩负载高于透平额定值	加强对循环气进行置换，以减小循环气密度；或者适当降低压缩机的循环量
3.	调速器阀门未全开	对调速器阀门进行检查、修理
4.	透平蒸汽喷嘴堵塞	应停车清理透平喷嘴
5.	蒸汽过滤器堵	清理蒸汽过滤器

（23）异常现象：压缩机润滑油总管油压降低

序号	原因	处理方法
1.	泵内有气或入口过滤网堵	检查油箱液位是否过底；泵体排气或切换至备用泵运行，清理入口过滤网
2.	油管线泄漏	消除油管线泄漏点
3.	油流量过大	调节各注入点可变孔板开度，将注油量控制在正常值；回油阀门内漏，检查油管线
4.	润滑油过滤器堵塞	切换至备用过滤器运行，清理过滤器
5.	润滑油路上调节阀故障	检修或更换调节阀

（24）异常现象：压缩机供油温度过高

序号	原因	处理方法
1.	油冷器冷却水不足	开大供水阀
2.	冷却水温度高	通知有关部门降低冷却水温度
3.	油箱过度加热	减小或关闭油箱加热

（25）异常现象：轴承温度高

序号	原因	处理方法
1.	油流量太低	调节可变孔板开度，增大轴承前的油压
2.	供油温度过高	见第(24)点内容
3.	油冷器冷却效果下降	切换油冷器
4.	油品质恶化	换油
5.	轴承损伤	检查、测量轴承振动，情况严重需停压缩机处理

（26）异常现象：轴承振动增大

序号	原因	处理方法
1.	压缩机对中改变	检查对中和基础
2.	轴承间隙过大	安装新的轴承
3.	油品质恶化	必要时改变油黏度或者更换润滑油
4.	转子不平衡(可能结垢)	检查转子平衡，必要时进行停车清理

（27）异常现象：氢压机干气密封的主密封压差过低

序号	原因	处理方法
1.	工艺气过滤器堵	切换过滤器，并对切出过滤器进行清理、备用
2.	供气管路泄漏	管线进行消漏
3.	主密封压差调节阀故障	用调节阀旁路控制运行，修理仪表调节阀
4.	机内迷宫损坏	无法维持运行的情况下，停车处理
5.	主密封损坏	停车处理

（28）异常现象：干气密封缓冲氮流量下降

序号	原因	处理方法
1.	干气密封损坏	停车处理
2.	缓冲氮调节阀故障	用调节阀旁路控制运行，修理调节阀
3.	缓冲氮过滤器堵	切换过滤器，并对切出过滤器进行清理、备用
4.	管路泄漏	管线消漏
5.	缓冲氮入口压力降低	见第(29)点内容

（29）异常现象：干气密封缓冲氮入口压力降低

序号	原因	处理方法
1.	缓冲氮调节阀故障	用调节阀旁路控制运行，修理调节阀
2.	缓冲氮过滤器堵	切换过滤器，并对切出过滤器进行清理、备用
3.	氮气管网压力波动	与调度等有关部门联系，稳定氮气压力
4.	机内迷宫密封损坏，氮气漏入火炬系统	停车处理
5.	第二级密封损坏	停车处理

（30）异常现象：往复式压缩机内有杂音

序号	原因	处理方法
1.	紧固件有松动、松脱或断裂	停车检查、把紧、更换
2.	缸内积液、积油太多	检查排放压缩机吸入罐内液体定期排放机体内积油 调整冷却水温度，保证夹套温度正常
3.	异物进入缸内	停车检查
4.	气阀片断裂	停车更换
5.	轴瓦间隙大	停车检查、调整
6.	十子头间隙大	停车检查、调整、更换

6.2 产品质量控制

6.2.1 汽油加氢装置产品的质量标准

汽油加氢装置的主产品为加氢汽油，副产品为裂解碳五与裂解碳九，其具体质量标准详见表6-1~表6-3。

表6-1 加氢汽油产品质量指标

项目		指标	项目		指标
游离水		无	溴价/(gBr/100goil)	≤	0.5
碳五/(wt)%	≤	1.5	硫/(mg/kg)	≤	1
碳九/(wt)%	≤	1.5	砷/(μg/kg)	≤	5
双烯/(gI/100goil)	≤	0.2			

表6-2 裂解碳五质量指标

项目		指标	
		优等品	合格品
游离水		无	
密度(20℃)/(kg/m³)	≤	750	
硫/(mg/kg)	≤	100	
碳五总量/(wt)%	≥	—	80
碳四(3-甲基-1-丁烯前所有组分之和)/(wt)%	≤	6.0	—
环戊二烯+双环戊二烯/(wt)%	≥	20.0	—
碳五二烯烃之和+双环戊二烯/(wt)%	≥	58.0	—
碳六及碳六后所有组分之和(除双环戊二烯)/(wt)%	≤	3.0	—

表6-3 裂解碳九的质量指标

项目		指标
外观		淡黄色或棕黄色液体、无机械杂质、无游离水
密度(20℃)/(kg/m³)		900~980
总芳烃/(wt)%	≥	50.0

6.2.2 产品质量不合格的原因及处理原则

影响加氢汽油产品质量的原因有许多，应根据具体的不合格指标的原因进行分析，然后有针对性地进行调整，以达到改善产品质量的目的。在实际生产过程中，加氢汽油最常见的不合格指标项为硫含量与溴价。

(1) 硫含量不合格

加氢汽油产品的硫含量不合格存在两种情况：其一是有机硫含量超标；其二是无机硫含量超标。这两种情况最终均可造成产品总硫含量不合格，其中：

有机硫含量超标主要由以下原因所造成：二段催化剂失活；二段反应条件(温度、压力)不适宜；阀门或换热器内漏造成二段反应器上下游物料串料；空速过大，氢气纯度过低也会造成产品硫含量不合格；此外，也应该检查仪表分析是否有误。

无机硫含量超标主要是由于硫化氢汽提塔操作不当，例如灵敏板温度偏低、塔压偏高、出现满塔或空塔现象等。除此以外，硫化氢汽提塔进料预热器内漏、塔釜再沸器内漏或仪表分析有误也是可能的原因之一。

处理此类问题，首先应取样分析，以确认影响产品质量的是有机硫还是无机硫，然后进一步确认属于上述何种原因，有针对性地采取对策解决问题。

(2) 溴价不合格

溴价不合格主要由以下原因所造成：二段催化剂活性下降；二段反应条件(温度、压力)不适宜；阀门或换热器内漏造成二段反应器上下游物料串料。

在实际生产过程中，二段催化剂长周期运行后活性下降是造成产品溴价不合格的最常见原因，此时可以根据催化剂厂家的指导意见，对二段催化剂活性进行调整，或根据实际情况实施再生、更换。

第 7 章　事故判断与处理

7.1　紧急停车

紧急停车属于非计划停车，是由一些特殊情况而引起的停车。根据所发生的情况紧急程度、涉及范围不同，紧急停车分为全面紧急停车和局部紧急停车。预分馏系统发生紧急停车均为全面性的预分馏系统停车；反应系统发生紧急停车既可能是装置全面性停车，也可能是局部性停车，视具体情况而定。

一般若发生以下情况时，按全面紧急停车处理：电源故障；冷却水故障；仪表空气故障；中压蒸汽中断；严重的设备泄漏、火灾、爆炸事故；严重的自然灾害(山洪、地震等)。

紧急停车处理的原则如下：

① 首先要准确判断事故发生的原因，从而迅速做出是全面停车，还是部分停车的判断。

② 紧急事故发生后应首先与调度等相关人员联络。

③ 紧急情况下，由于运转条件变化较大，为此要特别注意加强对重点部位的监控，避免事故进一步地扩大。

④ 尽可能地保护人身安全，避免设备超温超压，保护催化剂，保证运行设备安全。

⑤ 由于紧急停车使装置停止运转，应尽快查清原因，进行适当处理，以便尽快组织开车。

7.1.1　预分馏系统紧急停车

① 降预分馏负荷，关闭进料调节阀，停进料泵。

② 降预分馏各塔的 MS 加热量，立即关闭 MS 蒸汽调节阀。

③ 停运脱砷剂、阻聚剂等助剂泵。

④ 注意维持预分馏各塔、罐的液位，视情况决定预分馏各机泵的运转和停止。

⑤ 一、二段反应部停车，视情况一、二段可进行自身循环。

⑥ 注意维持预分馏各塔、罐的压力，谨防超压或压力下降太快。

7.1.2　反应系统紧急停车

(1) 全部紧急停车

反应系统需要全部紧急停车时，应按下列步骤进行：

① 室内按手动联锁停车按钮，对压缩机、加热炉、二段进料泵实施停车。

② 确认压缩机已停，确认二段加热炉的电磁阀切断，确认二段进料泵已停。

③ 关闭压缩机的主汽阀，打开透平的所有排凝阀。

④ 关闭加热炉燃料气调节阀和所有火嘴根部阀。

⑤ 关产品采出阀，打开产品返回阀。

⑥ 停一段进料泵，打开沉降分离罐和一段进料缓冲罐的返回阀。

⑦ 关闭一、二段气相隔离阀，微开一段泄压阀，保持一段循环泵继续运行以利于降温。

⑧ 关闭二段的氢气进料阀，打开高压闪蒸罐顶泄压阀对二段系统泄压至 0.5MPa 左右。

⑨ 调节干气密封压差。

⑩ 当一段床层温度降至40℃以下时停循环泵，将一段泄压至0.5MPa左右。

⑪ 停MS加热，关各塔MS流量调节阀。

⑫ 停所有助剂泵。

（2）局部紧急停车

乙烯装置供应的原料氢，是裂解汽油加氢过程的主要原料，其稳定供应是加氢单元操作的基本条件。如果原料氢突然停止供应，反应系统应按照下列方法进行局部紧急停车处理：

① 关闭一、二段气相隔离阀，关二段所有泄压阀，保压。

② 停炉，关闭所有火嘴的根部阀。

③ 产品改返回原料罐。

④ 停一、二段进料泵，关闭一、二段进料调节阀。

⑤ 关氢气总阀，微开一段泄压阀以维持物料流通降温；若一段压力下降过低停循环泵，关一段泄压阀保压。

⑥ 预分馏系统可在适当负荷下运行，其产品经沉降分离罐和一段进料缓冲罐返回原料罐。

⑦ 硫化氢汽提塔保持蒸汽加热，防止塔系统产生真空。

⑧ 尽可能维持循环氢压缩机继续运转，以降低二段床层温度。

⑨ 若原料氢气不能在短时间内供应，则二段系统在循环氢气流量接近联锁值时停循环氢压缩机，并将二段系统压力泄至0.5MPa左右。

⑩ 若氢气能马上恢复供给，则二段系统保压保液位以利于开车。

7.2 装置局部停车

7.2.1 加热炉联锁停车处理

① 首先确认加热炉燃料气管线上的电磁阀是否关闭，二段进料泵是否联锁停车，若二段进料泵未停，则手动停车。

② 关闭燃料烧嘴阀。

③ 关闭混合喷嘴阀，打开吹扫氢气阀，混合喷嘴旁路阀打开。

④ 适当降低一段反应负荷，防止一段加氢反应分离罐液面过高。甚至停一段进料泵，关一段进料流量调节阀，全开一段沉降分离罐和一段进料缓冲罐的返回阀（返回原料罐管线）。

⑤ 保持预分馏系统运行，调整好系统的物料平衡。

⑥ 注意保持适当的降温速率（≤60℃/h）。

⑦ 查清原因消除联锁，组织开车。

7.2.2 装置停燃料气处理步骤

（1）停止二段反应系统所有进料，同时停一段反应系统进料。

（2）加热炉联锁停车，关闭烧嘴阀和小火嘴根部阀，关闭混合喷嘴截止阀，打开吹扫气针形阀，混合喷嘴切旁路。

（3）由于脱戊烷塔系统压力是用燃料气补充调节的，燃料气停止后系统无气源补充，使脱戊烷塔系统始终处于排放状态，补燃料气阀门始终处于关闭状态，这时可维持脱戊烷塔的运行，预分馏物料可通过一段沉降分离罐和一段进料缓冲罐的返回管线返回原料罐。如脱戊烷塔系统压力低需要气源补充，可先将脱戊烷塔与燃料气系统隔离，临时接氮气胶管来调节脱戊烷塔系统压力；如停气时间较长可将预分馏系统作停车处理，降温过程中要防止塔系统产生负压。

(4) 根据停气时间长短，可维持循环氢压缩机运转或一段自身循环，也可按正常步骤停车。

7.2.3 压缩机联锁停车处理

7.2.3.1 往复式压缩机联锁停车处理步骤

往复式压缩机联锁停车因素有：吸入罐液位高；润滑油压力低；出口温度高；吸入压力低；夹套冷却水温低；联锁停车后有以下处理步骤：

① 首先确认压缩机已联锁停车。

② 确认加热炉、进料泵是否已联锁停车，如没有，应手动停车。

③ 关闭混合喷嘴阀，关炉子燃料气烧嘴阀，打开吹扫氢气阀，混合喷嘴切旁路。

④ 二段产品改返原料罐。

⑤ 室内关闭二段进料调节阀，停硫化氢汽提塔加热，维持各设备内正常液位、压力。

⑥ 调整好预分馏系统。

⑦ 检查系统联锁停车原因，解决问题后，组织开车。

7.2.3.2 离心式压缩机联锁停车处理步骤

离心式压缩机联锁停车因素有：吸入罐液位高；润滑油总管压力低；出口流量低；出口温度高；机体轴承温度高；透平轴振动大；机体轴振动大；透平轴位移大；机体轴位移大；透平超速；干气密封泄漏气流量大。联锁停车后有以下处理步骤：

① 确认联锁动作正确无误，压缩机联锁已停车。关闭蒸汽透平的主汽阀，透平排凝阀打开。

② 关闭加热炉燃料气烧嘴阀，关闭混合喷嘴阀，打开吹扫氢气阀，混合喷嘴切旁路。

③ 关闭一、二段气相阀，微开一段泄压阀，二段反应系统通过高压闪蒸罐顶的调节阀泄压。

④ 二段产品改返原料罐。

⑤ 停一段加氢进料泵、关二段加氢进料泵的出口阀。

⑥ 一段沉降分离罐和一段进料缓冲罐返回阀打开，调整预分馏负荷。

⑦ 一段气液分离罐、高压闪蒸罐、硫化氢汽提塔保液位，做好开车准备。

⑧ 当二段反应系统压力降至0.5MPa时，压缩机需将主密封气改为氮气。

⑨ 维护好油系统运行，压缩机盘车。

⑩ 查清联锁停车原因后，压缩机复位，组织开车。

7.2.4 反应系统泄漏处理

由于反应系统压力较高且有氢气存在，一旦系统发生泄漏，就会有氢气溢出形成自燃。若发生泄漏自燃的部位有切断阀门，可采取关闭阀门的办法，隔离泄漏自燃部位与系统内部的联系，以减少物料的泄漏。例如引压管泄漏等，可将引压管根部阀关闭，然后用灭火器将火扑灭。

若发生泄漏自燃的部位没有切断阀门，则须视火势大小情况，采取不同的处理措施：若火势弱小、燃烧无力，可先用灭火器将其扑灭，接胶管引氮气对准泄漏点进行氮气保护以防复燃，然后对泄漏的设备、法兰进行热把紧等临时处理，并制定相应的停车消缺方案，进行计划消缺；若火势较大、燃烧刚劲有力，使用灭火器难以直接扑灭火焰，但可以控制住火势，同时对反应系统采取紧急停车、泄压处理，待系统压力泄至氮气气源压力以下后，向系统内充入氮气，此时泄漏部位火焰就会熄灭。然后，将系统倒空置换合格，对泄漏部位进行换垫、补焊等相应处理。

在灭火和处理的过程中应注意以下事项：第一，由于反应系统的设备、管线温度较高，应使用泡沫灭火器进行扑救，不可用消防水炮直接冲击泄漏部位的设备、管线，以防设备、管线淬冷加剧泄漏，引发灾难性后果；第二，紧急停车时系统泄压速度要适当，以防过快泄压造成其他设备、法兰泄漏；第三，处理反应系统泄漏部位时，使用铜制工具。

7.3 装置全面停车

7.3.1 装置停电处理

当控制室照明灯灭，事故灯亮；用电驱动的转动设备停运指示灯亮或报警时，可 确认装置电源中断。此时，可采取以下处理方式：

① 由于停电将使二段进料泵停，易导致加热炉飞温、损坏炉管。此时，应紧急停二段加热炉及循环氢压缩机，并按压缩机联锁停车步骤进行。同时，停各塔再沸器加热。

② 关各泵出口阀，根据现场情况将调节阀开度调整到合适位置。

③ 严密监视各塔罐、反应器防止超温超压。

④ 若能马上恢复供电，则各塔、罐、反应系统可保温、保压、保液位，以便开车；若不能很快恢复供电，则关闭一、二段气相隔离阀，打开高压闪蒸罐顶的泄压阀，将二段反应系统压力泄至氮气源压力下。

7.3.2 装置停仪表风处理

确认装置仪表风停止后可采取以下步骤进行处理：

① 停所有进料。

② 检查调节阀开度是否处在适当的位置上。

③ 将第一、第二加氢反应系统隔开，用手轮稍开一段反应器顶的泄压调节阀，保持一段反应系统自身循环，以降低催化剂床层温度。

④ 用手轮打开高压闪蒸罐顶的泄压调节阀，以最大合理速度对二段加氢系统降压至氮气源压力下，防止二段加氢催化剂床层飞温。

⑤ 视停仪表风的时间，可按正常停车停所有系统，也可停止对加氢系统降温降压，以利开车。

7.3.3 装置停水处理

① 停所有进料，停二段加热炉，停循环氢压缩机，停各塔再沸器蒸汽。

② 通过高压闪蒸灌顶的泄压阀对加氢系统泄压至氮气源压力下。

③ 其他按正常停车步骤停车。

④ 如循环水能马上重新供给，可停止降压，引进氢气后，重新启动循环氢气压缩机，按正常步骤开车；如不能供给，则加氢系统保压保液位。

7.3.4 装置停蒸汽处理

① 由于蒸汽停止供给，透平无蒸汽驱动，可按压缩机紧急停车按钮停循环氢压缩机。由于联锁动作，二段加热炉、二段进料泵停止。此时，应立即停一段反应器进料，全部液相

以最大速率循环。

② 蒸汽停止后，各塔再沸器将没有热源，同时 BTX 塔蒸汽喷射泵也要停止运行。

③ 全开氮气压力控制阀，以避免空气进入 BTX 塔。然后，迅速关闭 BTX 塔蒸汽喷射泵工艺侧入口截止阀。

④ 停预分馏进料，通知调度停进料泵，用安全的方法将各塔冷却下来。

⑤ 视停汽时间长短决定加氢反应系统是置换还是保压。

7.3.5 原料中断处理

① 确认原料中断后应立即通知调度，让调度联系派人到现场查看进料泵是否跳车或不上量，并快速启动备用泵。同时，操作人员也应立即到现场查看进料调节阀是否全关，若全关则打开调节阀的旁路或弄清调节阀关闭的原因，设法打开该调节阀。

② 室内外保持联系，逐步恢复进料量并调整预分馏系统防止超压、超温、满塔或空塔现象的发生，同时调整反应系统搞好物料平衡，若进料调节阀有问题则联系仪表对该调节阀进行检修。

③ 若原料中断不能马上恢复供给，则预分馏作停车处理，停各塔再沸器蒸汽，停预分馏运行的泵，将所有调节阀开到适当位置，各塔罐保压保液位。

④ 预分馏停车后反应部将没有物料，这时为了确保反应部正常运行可将产品全部返回一段进料缓冲罐，整个反应系统的物料作自身循环，确保反应部不停车，等待原料能尽快恢复供给。

⑤ 若原料长时间不能恢复供给，反应系统的物料作自身循环后将引起反应器床层的温升不断下降，尤其对二段反应器影响比较大，将会使处于硫化状态的金属（钴、钼、镍等）活性组分被氢气还原影响了二段催化剂的活性。所以，若原料长时间不能恢复供给，则反应系统应按正常停车步骤作停车处理。

7.4 典型事故案例分析

7.4.1 二段反应器出口法兰泄漏着火事故

（1）事故经过

某汽油加氢装置在正常停车过程中，外操突然发现二段反应器出口法兰处着火，用灭火器打灭又立即复燃，通知内操降低二段系统压力后才将火扑灭。

（2）原因分析

二段系统停车时，加热炉降温速率过快，导致反应器床层温度下降过快，反应器及出口管线急剧冷缩，造成出口法兰接口处密封不严，高压氢气混合着残料泄漏自燃。

（3）经验教训

① 混合喷嘴切换要缓慢进行，以免停炉过快。

② 停炉后要保持小火嘴继续燃烧，保证降温速率 $<60℃/h$，以免加热炉出口温度下降过快。

③ 若降温速率仍 $>60℃/h$，可适当降低循环氢流量。

④ 反应器床层温度降至 150℃时，要及时停循环氢压缩机，以免循环氢气带走大量热量，导致反应器降温过快。

⑤ 在此类情况下灭火，应先用灭火器打，若能扑灭且不复燃，可接氮气胶管吹扫，然

后再进行热把紧处理。若不能扑灭或扑灭后复燃，就必须进行停车、泄压，然后灭火、把紧或换垫处理。

7.4.2 在正常开车过程中，硫化氢汽提塔再沸器封头法兰泄漏着火事故

(1) 事故经过

某汽油加氢装置反应系统投油开车时，硫化氢汽提塔再沸器封头法兰处泄漏着火，用灭火器打灭又复燃，立即进行停车、泄压，用灭火器打灭。

(2) 原因分析

硫化氢汽提塔再沸器检修后，封头螺栓把紧程度不够，开车时又未及时进行热把紧。

(3) 经验教训

① 设备检修后法兰螺栓要严格把紧，投用后要及时进行热把紧。

② 加氢反应系统开车时要按操作规定进行升温，速度过快更易导致把紧不严的设备法兰处泄漏着火。

③ 在此类情况下灭火，应先用灭火器打，若能扑灭且不复燃，可接氮气胶管吹扫，然后再进行热把紧处理。若不能扑灭或扑灭后复燃，就必须进行停车、降压，然后灭火、把紧或换垫处理。

7.4.3 循环氢压缩机润滑油系统跑油事故

(1) 事故经过

某汽油加氢装置在正常运行过程中，外操巡检循环氢压缩机时，发现润滑油备用泵已自启动，且润滑油油箱玻璃板液面计已观察不到油位，立即向班长汇报，组织人员向油箱内补加润滑油，以确保压缩机不因润滑油箱液位过低而造成润滑油低压联锁停车。在随后的跑油原因排查过程中，对润滑油过滤器、排油器进行了切换，可是跑油现象不但未消失反而越来越严重。二段反应床层温差也开始明显下降。后经检查发现，切入运行的排油器入口阀未打开，润滑油进入压缩机系统。消除此原因后跑油现象有所缓解。在判断出准确的跑油原因后，对反应系统实施了计划停车检修，更换了氢压机密封浮环。

(2) 原因分析

① 密封浮环磨损，密封油漏入压缩机体。

② 润滑油油箱低液位报警后，内操确认室内报警时，认为是误报警未予理会，室外操作人员巡检不力，延误一整天时间，导致主油泵抽空，备用油泵自启动。

③ 在处理过程中，切换排油器时，投用的备用排油器入口阀未开，导致酸性回油流程被切断，加剧了润滑油向压缩机体的泄漏。

(3) 经验教训

① 加强工艺培训，要求岗位操作人员熟记关键的报警位号、报警值。

② 加强工艺纪律管理，理清岗位责任，对违纪者要进行惩处、教育。

③ 处理紧急事故要准确、细致，以防忙中出错。

7.4.4 二段加热炉爆鸣事故

(1) 事故经过

某汽油加氢装置在建成后的首次开车过程中，二段加热炉在投油时发生严重爆鸣现象，在爆鸣的巨响声中炉膛瞬间变为正压，炉火从加热炉底部风门喷出，形成强而有力的多条火舌。在几分钟之内加热炉发生连续爆鸣，操作人员立即按下紧急停炉按钮，开车被迫中断。随后重新调整了加热炉的风门和烟道挡板，再次点炉升温进行反应系统投油开车，开车正常

后该加热炉始终只能维持低负荷运行。在随后一段运行时间内，该加热炉共发生十余次火嘴全部熄灭或爆鸣事故，基本上每次发生爆鸣时，烟气氧含量都下降至2.0%以下且有大幅波动，特别是当燃料气组成发生较大变化或增加加热炉热负荷时，极易引发爆鸣或火嘴熄灭事故。

（2）原因分析

通过室内操作台上加热炉的数据记录和现场的现象分析，确认爆鸣是由于部分火嘴熄灭，然后又突然爆燃引起的。熄灭的火嘴在发生爆燃前夕，在炉膛有限的空间里可燃气体含量急剧增加，遇高温的炉膛或明火引发爆燃，同时炉膛压力急剧升高产生爆鸣声，火焰从风门、窥火孔喷出。

工艺操作较为熟练且无任何违章行为，加热炉爆鸣的根本原因确认为以下设备因素所造成：

① 火盆结构设计不合理，影响空气供给、火焰燃烧。

② 燃烧器结构设计不合理，烧嘴孔径过大、烧嘴枪长度不足，造成火焰燃烧不稳，易脱火。

③ 燃烧器根部燃料气盘管呈不合理的"C"字形排布，应改为"O"字形盘管。

通过实施一系列技改措施修正以上设备问题后，该加热炉彻底消除了爆鸣问题。

（3）经验教训

由于该加热炉爆鸣现象是设备原因造成的，故在设备原因解决之前，装置只能在低负荷下生产，由此也总结出以下处理加热炉爆鸣的一些经验：

① 调整加热炉在低负荷下运行，确保烟气氧含量在2.0%以上，过低的烟气氧含量将导致加热炉熄火、爆鸣。

② 爆鸣发生直接原因是由于氧含量不足所致，因此处理上要以提高氧含量为目标。最安全、有效地提高氧含量、抑制爆鸣方法是：由室内降低燃料气调节阀阀位，以降低加热炉热负荷。同时，外操迅速至现场观察情况，待不发生爆鸣后（一般加热炉在爆鸣之后，烧嘴不会熄灭），选择安全位置，重新调整烧嘴一、二风门、烟道挡板以及火嘴燃料阀门的开度，将烟气氧含量调整至2.0%以上。

③ 若以上调整无法消除爆鸣或加热炉火嘴熄灭，应按紧急停炉处理。

7.4.5 一段催化剂水中毒事故

（1）事故经过

某汽油加氢装置在正常运行过程中，首先硫化氢汽提塔灵敏板温度出现了频繁波动现象，外操增加了硫化氢汽提塔回流罐的切水频次，暂时维持住了该灵敏板温度不超标，但未能消除温度频繁波动现象，稍后出现一段反应床层温差逐渐下降和一段出口双烯含量不合格的现象。经检查发现沉降分离罐和一段进料缓冲罐内聚集大量游离水，在切水的同时对游离水来源进行了排查，确认为BTX塔再沸器内漏所致，然后对内漏的再沸器进行切换、检修。

（2）原因分析

① 沉降分离罐和一段进料缓冲罐的切水频次不足，造成事故苗头发现不及时。

② 操作人员缺少相关的经验，未能从硫化氢汽提塔的异常情况中判断出游离水来自预分馏物料。

③ BTX塔再沸器内漏隐蔽性较强，原因不易被发现。

（3）经验教训

① 增加沉降分离罐和一段进料缓冲罐的切水频次。

② 加强工艺培训，增加岗位操作人员对异常情况的分析、判断能力。

7.4.6 硫化氢汽提塔回流罐满罐，导致燃料气罐带液，现场排放造成火灾事故

(1) 事故经过

某汽油加氢装置在正常运行过程中，硫化氢汽提塔回流罐出现满罐现象，在采取一系列调整措施尚未取得成效情况下，罐内的 C_5 等液相轻组分由罐顶尾气管线进入裂解燃料气罐，燃料气罐出现高液位报警，裂解外操按惯例进行燃料气罐现场“切水”处理，误将 C_5 等液相轻组分排入附近油污井系统。不久，下游数个油污井相继出现可燃气外冒现象，并沿地面迅速扩散开，其中一个油污井被附近施工的民工引燃着火。岗位操作人员迅速用消防水炮控制了油污井周围火势，然后用灭火器向油污井内喷射，很快扑灭了火灾。

(2) 原因分析

① 此次事故的首要原因是脱戊烷塔操作不当，过分追求 C_5 产品纯度，导致灵敏板温度设定过低，少量 C_5 组分被带入后系统，在硫化氢汽提塔回流罐逐渐聚集，造成该回流罐液位满罐。

② 裂解岗位外操燃料气罐现场“切水”操作时疏忽，未能及时发现情况，误将大量 C_5 等轻组分排入油污井系统。

③ 油污井附近施工项目监护不力，监护人员未能在环境发生异常情况时及时制止施工。

(3) 经验教训

① 脱戊烷塔是汽油加氢装置较为重要的塔，其 C_5 组分的脱除效果直接影响下游系统的运行工况，在操作上必须根据实际情况保持适当的灵敏板温度。

② 增加对硫化氢汽提塔回流罐液位的考核监控管理。

③ 加强工艺培训，增加岗位操作人员对切水操作过程中出现异常情况的辨别能力。

④ 加强施工监护工作。

7.4.7 脱砷反应器自燃事故

(1) 事故经过

某汽油加氢装置大修期间，脱砷反应器已倒空蒸煮合格，其顶部封头大盖与侧壁人孔便被打开，立即进行水喷淋以保持其内部湿润。由于从人孔处可见到脱砷反应器内部釜底有大量焦沙，影响进入作业，下午便停止水喷淋，派人将其内部釜底清理干净。然后保持风机鼓风置换，准备次日进人拆出内部折流板。至次日凌晨，脱砷反应器发生自燃。

(2) 原因分析

① 在拆出折流板彻底清理干净之前，未能继续保持水喷淋。

② 虽然脱砷反应器内部釜底被清理干净，但折流板与内壁上的残余焦沙被鼓风吹干，引发自燃。

(3) 经验教训

① 在拆出折流板彻底将脱砷反应器内部清理干净之前，必须保持水喷淋。

② 在水喷淋期间，应加强巡检，以防水喷淋中断等意外情况发生。

第8章 安全、环保与节能

8.1 安 全

裂解汽油加氢装置由于运行的需要，需注入多种助剂，如抗氧化剂、阻聚剂、脱砷剂等。同时，还会产生有毒有害气体。因此，在装置的日常生产中，要特别注意安全环保问题。

8.1.1 装置安全注意事项

8.1.1.1 防火防爆

汽油加氢装置是石油化工生产过程中的一个中间环节，它属于易燃易爆的行业。因此，在生产过程中必须做好防火防爆工作。燃烧是可燃物和氧(或氧化剂)在一定条件下发生剧烈地化学反应，并伴随有发热和发光的物理化学现象。放热、发光、生成新物质是燃烧的三个最基本的特征。燃烧必须具备三个条件：① 可燃物，即不论固、液、气体，凡是能够与空气中的氧或其他氧化剂起剧烈反应的物质，如汽油加氢装置的加氢汽油等；② 助燃物，是指能够帮助和维持燃烧的物质，如氧、氧化剂等；③ 着火源。这三个条件相互作用时，就会产生燃烧，若消除其中任何一个条件，就会中止燃烧。

燃烧分为闪燃、着火、自燃、爆炸等。按可燃物质存在的状态不同，分为均一系燃烧和非均一系燃烧。

要做好防火必须事先了解物质的燃烧特征和各种因素的极限值，如闪燃、闪点、着火、自燃点。

(1) 闪燃

易燃、可燃液体表面的蒸气和空气的混合物，一遇火源即产生瞬间蓝色火焰的闪光，这一现象叫闪燃。液体能产生闪燃的最低温度叫闪点，它是液体可以引起火灾的最低温度。燃烧通常发生蓝色的火花，而且一闪即灭。在闪点时，易燃、可燃液体表面的蒸气的蒸发速度并不快，蒸发出来的蒸气仅能维持一霎那的燃烧，还来不及补充新的蒸气，不能维持其继续燃烧，所以一闪便灭了。从消防的观点来说，闪燃是将要引起火灾的先兆。

液体的闪点越低，它的火灾危险性越大。闪点小于或等于45℃的液体为易燃液体；闪点大于45℃的液体为可燃液体；闪点低于28℃的可燃物划为一级火灾危险物。

(2) 着火

可燃物质受外界火源直接作用而引起的持续燃烧现象叫着火。可燃物开始着火并保持继续燃烧所需要的最低温度叫着火点。可燃物质的着火点越低，越容易着火。

(3) 自燃

可燃物质和氧化剂在没有外来热源直接作用的情况下，由自身生物、物理或化学作用而产生的热，在达到一定的温度时自行燃烧的现象叫自燃。可燃物质不需要外界火源的直接作用产生自行燃烧的最低温度叫自燃点，也叫自燃温度。汽油加氢装置的物料中存在戊二烯、异戊二烯等易聚合的物质，由于装置处于长期运行状态，这些物质易在塔、罐等处聚合、积累、沉积。在装置打开维修时，极易在空气中自燃。

物质的自燃点越低，发生起火的危险性也就越大。物质的自燃点随压力、温度、散热等条件的不同有相应的改变，如汽油的自燃点在 1 个大气压下为 480℃，10 个大气压下为 310℃，在 25 个大气压下为 250℃。所以，压力愈高，自燃点愈低。

8.1.1.2 装置安全生产的特点

汽油加氢装置是以裂解汽油为原料，就其过程及使用原料、中间产品和成品的性质而言，在安全生产中具有以下特点：

① 采用的化工原料、助剂、中间产品和成品闪点和自燃点低，爆炸下限低，爆炸范围广，极易发生火灾或爆炸。

② 在生产中产生硫化氢、苯等有毒气体，极易引起急性中毒和慢性中毒，损害人体健康，可发生局部病变。

③ 在生产中易在设备、管道内形成自聚物或过氧化物自聚物，给生产和检修带来危险。如脱砷反应器、脱戊烷塔塔顶冷凝器等。

④ 加氢装置虽然流程不太复杂，但包含有精馏塔、反应器、压缩机等多种设备，操作条件苛刻，稍有偏差，就会发生事故。

⑤ 生产工艺过程具有高度自动化、密闭化、连续化的特点，操作人员要高度树立整体观念，服从生产调度的统一指挥，密切配合动作协调，否则极易发生事故。

⑥ 各种流体在设备管道内流动可产生静电，容易造成火灾、爆炸和雷击等事故。

8.1.2 原辅材料及产品的安全使用与防护

汽油加氢装置中存在的毒物较多，包括使用的原料、产品、添加的助剂等。在生产过程中还产生硫化氢等高毒性的物质。因此，要掌握装置生产过程中存在的有害物质的物性、毒物的危害性，以及操作防护要领。在操作、检维修过程中，严格遵守操作规程，防范于未然。

8.1.2.1 硫化氢

硫化氢是无色、易燃、有强烈腐蛋臭味，略带甜味的气体，相对密度(空气等于1)是 1.189，易溶于水，自燃点 260℃，沸点为 -60.2℃，在空气中的爆炸范围是 4.3(vol)% ~ 46(vol)%。汽油加氢装置硫化氢汽提塔中存在一定量的硫化氢气体。硫化氢是高度危险品，当加热时，能发生分解，形成毒性大的烟雾或生成硫的氧化物，极易与氧化性物质起反应。

硫化氢具有高毒性，是较强的神经毒物，与细胞色素氧化酶作用可引起组织缺氧，对呼吸道及眼睛也有强烈的刺激作用。短时间接触少量的 H_2S 后，即能引起死亡，或永久性的损伤。硫化氢还具有窒息性，浓度在 20 ~ 150ml/m^3 时就会刺眼睛，浓度再高一点，就会刺激上呼吸道，窒息作用是由于呼吸中枢受麻痹所致。在浓度 500ml/m^3 下停留 30min 就会导致头疼、怕光、角膜结膜发炎、眩晕、兴奋、步态摇晃、腹泻和尿痛，有时还会引起支气管和支气管肺炎、肺水肿。在 800 ~ 1000ml/m^3 下停留 30min 就会引起死亡，而当浓度更高时会即刻死亡。硫化氢具有麻痹嗅觉的性能。空气中允许最高浓度为 20ml/m^3。

在硫化氢汽提塔进行操作时，应注意防止塔、罐、管道等的泄漏，在对该塔进行检修时，必须经过充分的蒸煮、置换，取样合格后方可交出检修。

进入硫化氢泄漏的地方，打开有 H_2S 气体的设备和管线时，必须佩戴专用的防毒面具。操作员要经常考虑到有漏气的危险性，应注意尽可能在上风处操作，

学会使用各类防毒面具，并会进行简易的急救处理。如果发生中毒，首先应将患者移至空气新鲜的地方或通风良好的房间。若有吸氧器，则操作使用吸氧器进行救治。如呼吸停

止，则进行人工呼吸抢救，进行人工呼吸时将患者轻轻地放在温度适中通风的地方。不能给没意识的患者吃东西。出事故时要立即请医生。

8.1.2.2　苯

加氢汽油的主要成分是苯及其他芳香烃。它们在一定的条件下，都能作用于身体与细胞产生生物化学(物理)作用，扰乱或破坏机体的正常功能。

苯是无色透明易挥发的液体，具有特殊的芳香气味，相对密度(水等于1)为0.879，苯蒸气相对密度(空气等于1)为2.77。溶点为5.5℃，沸点为80.1℃，闪点-11℃，在空气中爆炸范围是1.2(vol)%~8.0(vol)%。与乙醇、乙醚、丙酮、四氯化碳、二硫化碳和醋酸等混溶，微溶于水。易燃，燃烧时发出带烟火焰。

苯属于Ⅰ级毒物，它的侵入途径为吸入、食入、经皮肤吸收。高浓度苯对中枢神经系统有麻醉作用，能引起急性中毒；长期接触苯对造血系统有损坏，可引起慢性中毒。急性中毒的症状有：轻者有头痛、头晕、恶心、呕吐、轻度兴奋、步态蹒跚等酒醉状态；严重者发生昏迷、抽搐、血压下降，以至呼吸和循环衰竭。慢性中毒主要表现有：神经衰弱综合症；造血系统改变，白细胞、血小板减少，重者出现再生障碍贫血；少数病例在慢性中毒后可发生白血病(以急性粒细胞为多见)。皮肤损害有脱脂、干燥、皲裂、皮炎。

在与皮肤接触后，要及时脱去被污染的衣物，用肥皂水和清水彻底冲洗皮肤。如果溅入眼睛，提起眼睑，用流动清水或生理盐水冲洗就医。在吸入苯后，迅速脱离现场至空气新鲜处，保持呼吸道通畅。如呼吸困难，给输氧。如呼吸停止，立即进行人工呼吸。就医。

8.1.2.3　甲苯

无色透明液体，有类似苯的芳香气味，毒性中等，溶点-94.5℃，沸点110.7℃，闪点4.4℃，在空气中的爆炸极限为1.27(vol)%~7(vol)%。对皮肤的刺激作用强，对中枢神经的危害作用大。

8.1.2.4　二甲苯

二甲苯有邻二甲苯、间二甲苯和对二甲苯，均为无色透明液体，有类似甲苯的气味。它们的熔点分别为-25℃、-47.4℃、13.2℃，沸点分别为144.4℃、139.3℃、138.5℃，闪点分别为34.4℃、29℃、29℃，在空气中的爆炸极限为1(vol)%~7.6(vol)%，毒性中等。

8.1.2.5　抗氧剂

按照作用机理，抗氧剂有游离基抑制剂和过氧化物分解剂两大类型。游离基抑制剂又称主抗氧剂，包括胺类和酚类两大系列。胺类抗氧化剂几乎都是芳香烃仲胺的衍生物，主要是二芳烃基仲胺、对苯二胺和酮胺、醛胺等类。裂解汽油加氢装置使用的汽油抗氧化剂主要成分为有机胺类。

(1) 主要物化性质(见表8-1)

表8-1　抗氧剂物化性质参数

外观	褐色油状液体	闪点(开口杯法)	>60℃
凝固点	≤-10℃	溶解性	与芳香烃类混溶
密度(20℃)	≤0.95g/cm³		

(2) 用途与性能

汽油抗氧化剂能延缓、阻止有机油泥及聚合物的生成，使裂解汽油有更好的稳定性。汽油抗氧化剂适用于含有不饱和物质的裂解汽油，在140℃以下使用有较好的抗氧化效果。

(3) 使用方法

汽油抗氧剂使用量是否足够是抗氧效果好坏的关键。一般在原料组成稳定，杂质含量(如金属离子、水等)变化较小的情况下，抗氧化剂用量在20~200mg/kg范围内。从经济角度而言，一般用量为90mg/kg。在物料系统中不饱和物质或氧含量增加，或金属离子(如铜、铁)较多时，抗氧剂用量要适当的增加。

汽油抗氧剂采用化学计量泵注入物料中，注入点应离贮槽(或反应器)一定距离，以使汽油抗氧剂能与物料混合均匀。根据实际情况，汽油抗氧剂也可以用于芳香烃类溶剂稀释后使用。

(4) 注意事项

使用汽油抗氧剂的装置切勿使用橡胶聚氯乙稀、氯丁橡胶、聚氨酯等高分子材料制品，因汽油抗氧剂对其有溶胀作用，遇少量水分会使溶解的高分子物质沉析出来，造成人为的固体杂质，从而影响计量泵的正常使用。因此，与汽油抗氧剂接触的材料应采用不锈钢、聚四氯乙烯等。

在使用汽油抗氧剂时，操作人员应穿戴好工作服、手套及防护眼镜，避免药品直接与皮肤、眼睛接触。若不慎沾于皮肤，应立即用大量水冲洗。若进入眼睛，用水冲洗后随即就医。

(5) 包装与贮存

汽油抗氧剂一般采用内涂塑铁桶包装，通常每桶在(180±0.25)kg；汽油抗氧剂应贮存于阴凉干燥处，避免日晒。禁止与火源或热源接近。汽油抗氧剂自生产之日起，有效期在2年左右。

8.1.2.6 阻聚剂

汽油加氢装置使用的阻聚剂的主要组成为有机胺类。

(1) 主要物化性质(见表8-2)

表8-2 阻聚剂物化性质参数

外观	棕黑色油状液体	闪点(开口杯法)	55~60℃
凝固点	≤-10℃	胺值	>20~30mgKOH/g
密度(20℃)	0.810~0.900g/cm³		

(2) 用途与性能

汽油加氢装置阻聚剂由于含有链中止剂，适用于阻止游离基引发的聚合，如苯乙烯、异戊二烯、丁二烯的聚合。同时，由于阻聚剂还含有金属钝化剂和聚合物分散体系，因此在石油裂解的分离过程中能防止聚合物及焦质的沉淀，能最大限度地延长装置的运转周期。

(3) 使用方法

在石油裂解的分离过程中，阻聚剂的使用量一般为50~150mg/kg。由于各装置的不饱和烃种类及含量不同，操作温度及压力也不同，因此可根据实际情况在50~150mg/kg的范围内作调整。一般来说，提高阻聚剂的用量可以增大阻聚效果。

(4) 注意事项

使用阻聚剂的装置切勿使用橡胶、聚氯乙稀，氯丁橡胶，聚氨酯等高分子材料制品，因阻聚剂对其有溶胀作用，遇少量水分会使溶解的高分子物质沉析出来，造成人为的固体杂质，从而影响计量泵的正常使用。因此，与阻聚剂接触的材料应采用不锈钢、聚四氯乙烯等。

在使用汽油阻聚剂时，操作人员应穿戴好工作服、手套及防护眼镜，避免药品直接与皮肤、眼睛接触。若不慎沾于皮肤，应立即用大量水冲洗。若进入眼睛，用水冲洗后随即就医。

(5) 包装与贮存

汽油阻聚剂一般采用内涂塑铁桶包装，通常每桶在(180 ±0.25)kg。汽油阻聚剂应贮存于阴凉干燥处，避免日晒，禁止与火源或热源接近。

8.1.2.7 脱砷剂

汽油加氢装置使用的脱砷剂为过氧化氢异丙苯(简称 CHP)，它是以异丙苯为原料，经空气氧化制得的。

(1) 主要物化性质(见表 8-3)

表 8-3 脱砷剂物化性质参数

外观	淡黄色透明液体	密度(20℃)	0.9 ~ 0.93g/cm^3
CHP 含量	27% ~30%	杂质	<2.5%
pH	3 ~4.5		

(2) 用途和性能

由于砷是钯系一段催化剂的毒物，原料中存在微量的砷，会使一段催化剂失活。因此，物料在进入一段反应器前必须将砷脱除。脱砷剂的作用就是脱除进料中的微量砷，以防止钯(Pd)催化剂中毒。脱砷剂与物料充分混合后，能使其中的砷重质化，由三价砷转变为五价砷，随碳九产品采出。

(3) 使用方法

脱砷剂通常存于贮罐中，通过助剂泵将其升压后送到混合器中，与脱戊烷塔塔釜出料混合后进入脱砷反应器中，使 C_6 ~ C_9 馏分与之充分混合，达到脱砷的目的。CHP 是一种强氧化剂，超量使用会加剧不饱和烃聚合、结焦。因此，CHP 的注入量要随原料中砷含量的变化情况及时调整注入量，直至一段进料中的砷含量小于 50μg/kg。

(4) 注意事项

加脱砷剂时，操作人员应穿戴防护用品。同时注意避免对皮肤及眼睛的化学灼伤，应注意现场的通风情况，如有溅入应立即用清水至少冲洗 15min。

(5) 包装与贮存

脱砷剂由于是强氧化剂，用量较大，因此运输时一般用贮罐。在保存时，为防止 CHP 在贮罐中与空气接触，该罐顶部设有氮封，并有呼吸阀与大气相通。由于 CHP 易分解，故在环境温度较高时贮罐需用冷却水喷淋，保证其温度不高于 35℃。

8.1.2.8 缓蚀剂

汽油加氢缓蚀剂是用来防止酸性气体对汽提塔等设备的腐蚀。汽油缓蚀剂是一种油性的水相、油相缓蚀剂。它溶于油中，可在水中扩散，可以形成膜。

(1) 主要物化性质(见表 8-4)

表 8-4 缓蚀剂物化性质参数

外观	深琥珀色液体	闪点(开口杯法)	<50℃
凝固点	≤ -15℃	溶解性	能于烃类物质混溶
密度(25℃)	0.860 ~0.960g/cm^3		

(2) 用途与性能

汽油加氢使用的缓蚀剂，是一种油溶缓蚀剂，可用于常压、减压塔塔顶或其他分馏塔塔顶系统，以防止腐蚀设备。

缓蚀剂能够在所接触的金属表面形成保护膜，这种膜可以防止或降低由于 HCL、H_2S、O_2，有机酸及 CO_2、HCN 产生的腐蚀和污垢，在高温(260℃金属表面温度)及低 pH 的体系中，缓蚀剂仍能保持它的优良缓蚀性能和阻垢性能。

由于缓蚀剂在烃中的溶解性能，在规定的剂量范围内使用，对管路流体不至于产生明显的乳化。同时由于缓蚀剂中不含重金属及卤素，不会使加氢汽油的催化剂失活。

(3) 使用方法

汽油缓蚀剂的一般用量为 10～40mg/kg，通常为 10～15mg/kg，纯的缓蚀剂可直接加入到物流中，也可用烃类物质稀释后使用。缓蚀剂的注入一般采用溶剂计量泵或其他形式的设备连续注入系统，泵送的管线应采用不锈钢管线与工艺管线连接，并定期在废水或烃中测定铁(Fe)和铜(Cu)的含量，以确定单一使用或与中和剂复合使用的加入量。

(4) 注意事项

加注缓蚀剂时，应避免对皮肤及眼睛的化学灼伤，应注意现场的通风，如有溅入应立即用大量的水至少冲洗 15min。

(5) 包装与贮存

汽油缓蚀剂一般用塑铁桶包装，存于阴凉通风良好的地方，避免阳光照射。温度过低时该产品发黏而且很难注入，此时可用低压蒸汽从外部将桶加热，或用溶剂稀释后使用。通常使用的缓蚀剂每桶净重为 180kg 左右，在密闭桶中的存放期至少为两年。

8.1.2.9 二甲基二硫

(1) 主要物化性质

二甲基二硫为淡黄色液体，不溶于水，可与乙醇、乙醚、醋酸混溶。有恶臭，相对密度 $d(20/4℃)$ 为 1.0625g/cm³，沸点为 109.7℃，熔点为 -85℃。其物化性质参数见表 8-5 所示。

表 8-5 二甲基二硫物化性质参数

项目	指标	项目	指标
二甲基二硫含量/(wt)%	≥99%	水分/(wt)%	≤0.1%
密度(20℃)/(g/cm³)	1.061～1.066	硫、硫化钠含量/(wt)%	≤0.05

(2) 用途和性能

二甲基二硫易使中枢神经受损，但毒性较小。高浓度时会使人失去听觉，出现青紫、四肢发冷、脉搏跳动加快等症状。加热时会分解，放出毒性大的氧化硫烟雾。能与水、蒸汽或酸类反应而生成有毒易燃的蒸气，也能与氧化性物质起反应。

(3) 包装及注意事项

操作人员应穿戴防护用品，用铝桶或聚乙烯桶包装。铝桶为 100kg，贮存于阴凉、通风、干燥处，盖紧盖子，防止渗出和水分渗入。

二甲基二硫属于易燃品，装运时应小心轻放，不得着地滚动和乱扔。堆放码头、货物时应盖遮布，防止雨淋，不得在阳光下曝晒。

8.2 环 保

石化企业环保的主要任务是遵守国家和地方的有关法律和规定，认真开展三废治理和综合利用，防止石油化工生产引起的污染。

汽油加氢装置中会排出废水、废气和废渣，如不妥善处理，将会破坏生态平衡，危害职工和居民的健康。对排到大气的废气，必须达到国家规定的排放标准；排出界区的废水(液)、废渣必须符合企业分级把关的具体规定，为合理排出整个工厂界区创造条件。有可能的，应想方设法降低排污量，提高三废处理率，并尽可能采用新技术、新措施加以回收利用，化害为利。

8.2.1 废液排放及处理

加氢装置的废液主要是在以下几种情况下产生的：

开车前压缩机油运时润滑油系统跑油。主要措施有：油运时现场不得离人，发现跑油迅速停润滑油泵；检查临时软管接头是否松动，若松动则重新扎紧；检查系统中是否有其他泄漏点，若无则启动润滑油泵。用抹布彻底擦干跑出机外的润滑油。

含油污水。加氢装置的含油污水主要是脱戊烷塔回流罐、聚集分离器及一段进料缓冲罐的排水。在上述设备排水时，操作人员不得离开现场，排水阀开度不能太大，同时确认下水管道畅通，防止含油污水的溢出。

催化剂再生和预硫化产生的污水。汽油加氢装置反应器在正常操作时物料发生某种程度烃的热裂化，导致炭沉积在催化剂的表面，使催化剂失活。所以，应定期用蒸汽-空气混合物来再生，以氧化方式清除焦层。催化剂再生时，反应器及管线内残液不得现场排放，必须吹扫到特定的设备中。二段预硫化时产生的水不允许现场排放，应通过倒淋接软管排入化污中。

添加助剂。添加助剂时务必保持现场干净，胶管及桶中不得留有残液，不得将助剂流入雨排中，加完后需将空桶和胶管定置摆放。

8.2.2 废气排放及处理

汽油加氢装置生产中要消耗一定的燃料气，用来供给二段加热炉使用，燃料燃烧后全部排入大气而污染空气。另外，机械泄漏、开停车排放和平时安全泄压直接排入大气。污染成分主要有硫化氢、二氧化硫、二氧化氮、氮氧化合物、烟雾和有机烃类物质。

8.2.2.1 *废气的种类及来源*

(1) 空气污染

当空气中的粉尘、烟、有害气体在大气中呈现足够浓度、足够时间时，便对人体产生危害，破坏了周围的良好环境，称为空气污染。

石油化工生产是个污染源，就其污染范围分为局部性污染和一个地区的污染，或涉及广泛地区乃至全球性的污染。

(2) 燃料燃烧时产生的污染物

根据我国对烟尘、二氧化硫、氮氧化物和一氧化碳四种量大面广的空气污染物来源的统计表明，燃烧产生的空气污染物占全部空气污染物的70%，工业生产约占20%，机动车约占10%。汽油加氢生产中产生的二氧化硫、氮氧化物和一氧化碳，80%以上来自加热炉的烟道气，污染物的成分与数量和燃料气的组成、燃烧状况、管理水平有关。

（3）物料泄漏或放空等产生的污染物

汽油加氢装置的日常切水、BTX 塔（负压）尾气排放、机泵（正压）充液排气、设备检修前的倒空置换、设备的跑冒滴漏等泄漏的物料都会对环境产生污染。另外，汽油加氢装置的二段反应能将原料中存在的硫、氮元素转变为硫化氢和氨，通过硫化氢汽提塔汽提排放至火炬，燃烧后会产生二氧化硫、氮氧化合物等污染物。

8.2.2.2 废气的处理

（1）高空排放法

对目前还不具备条件回收利用的废气或从技术经济角度考虑不回收利用的废气，采用火炬焚烧或高空稀释排放。汽油加氢装置脱戊烷塔塔顶回流罐、一段反应器顶部、二段高压闪蒸罐、硫化氢汽提塔塔顶均设有放火炬阀。

（2）排空烟囱

汽油加氢加热炉的烟气是通过烟囱直接排入大气的。当烟囱阻力小于 480 ~ 580Pa 时，一般采用自燃排烟的方式。其特点是烟囱具有一定高度，有利于减少厂区烟尘污染，不消耗动力，操作管理方便。

8.2.3 废渣处理

汽油加氢装置产生的废渣主要是废催化剂和停车消缺时塔、换热器等处存在的聚合物。对于废催化剂，由于其中含钯、镍等贵金属，可由供货商或废物回收公司回收。但每次处理前要测定含油量和特种污染物的含量，测定合格后方可运出处理。对于停车消缺时清理出来的聚合物，采用送垃圾场填埋等方法。

8.2.4 噪音防护措施

各种使人厌烦、危害健康的不同频率、声强、杂乱无章组成的声音称为噪音。其波形图与乐音波形图不同，是无规律非周期性的曲线。噪声可分为工业噪声、交通噪声和生活噪声三大类。

工业噪声是指生产过程中由于机械振动、摩擦、撞击、电磁效应以及各种气流扰动等产生的噪声。工业噪声分为机械性、电磁性和空气动力性噪声。在汽油加氢生产中，有机械性噪声，如启动机泵、转动机械各部件之间摩擦、撞击、由交变应力引起各固体部件振动而产生的噪声；也有电磁性噪声，如从发电机、电动机和变压器等产生的噪声；还有由于气流扰动产生的空气动力性噪声，如管道吹扫、放空、加热炉、反应器、喷射泵和压缩机等都会发出这种噪声。

噪声有高强度和低强度之分。低强度的噪声在一般情况下对人的身心健康没有什么害处，而且在许多情况下还有利于提高工作效率。高强度的噪声，不仅损害人的听觉，而且对神经系统、心血管系统、内分泌系统、消化系统以及视觉、智力等都有不同程度的影响。如果人长期在 95 分 dB 的噪声环境里工作和生活，大约有 29% 的会丧失听力；即使噪声只有 85dB，也有 10% 的人会发生耳聋；120 ~ 130dB 的噪声，能使人感到耳内疼痛；更强的噪音会使听觉器官受到损害。在神经系统方面，强噪音会使人出现头痛、头晕、倦怠、失眠、情绪不安、记忆力减退等症候群，脑电图慢波增加，植物性神经系统功能紊乱等；在心血管系统方面，强噪音会使人出现脉搏和心率改变，血压升高，心律不齐，传导阻滞，外周血流变化等；在内分泌系统方面，强噪音会使人出现甲状腺机能亢进，肾上腺皮质功能增强，基础代谢率升高等；在消化系统方面，强噪音会使人出现消化机能减退，胃功能紊乱，胃酸减少，食欲不振等。总之，强噪音会导致人体一系列的生理、病理变化。

因此，在生产过程中要严格管理，如运转机器加入润滑油要坚持“五定三过滤”制度；严格工艺纪律；确保安全、稳定、长周期、满负荷优化运行，减少开停车次数；环保监测部门要及时测试噪声，积累必要数据。

同时，应从声源、声传播途径以及个人防护方面(如在开停车处理事故时戴耳罩)采取措施。首先，从声源上降低噪声，即用低噪声的设备和工艺代替高噪声的设备和工艺。在生产装置建设前期的设计或引进谈判阶段要严格执行国家有关噪声控制规定，不要在建成后再通过技术改造去做降噪处理。对老旧噪声超标的设备，应尽快进行技术改造。如改革设备结构、气流采用平滑流道和降低气速、提高加工精度和装配质量等实现从声源上降低噪声的目的。其次，在传播途径中降低噪声，建厂时要将声源建在远离人群的地方，依靠声音衰减达到降低噪声的目的；对高噪声与低噪声的机器分开布置以便采取对策。对声源已定的工厂，主要采用吸声、消声、隔声、减振、阻尼和综合控制等技术降低噪声。

8.3 节能降耗

衡量装置的先进性，除了考虑可靠性、投资、环保等因素外，还应考虑其他因素，如装置的原料消耗和燃料、动力的综合能耗。在原料消耗一定的情况下，装置的燃料、动力消耗在很大程度上影响着产品的成本。装置的能耗主要由燃料、各等级蒸汽消耗、工业水、电、氮气、循环水等构成。能耗的各个组成部分对耗能的影响结果是不一样的，也就是能耗系数不同。其中，燃料的能耗系数最大。

要降低装置的能耗，首先要保证装置的长周期、稳定运行。装置如果发生非计划停车或事故，则需倒空或放空大量的物料，同时还需用蒸汽、氮气蒸煮和吹扫，增加了蒸汽和氮气的消耗，产品的产量也会收到很大的影响，严重影响了装置的能耗。

在装置平稳运行的过程中，要控制好燃料、蒸汽、氮气、水、电的消耗。加氢装置虽然流程不是非常复杂，但包含的设备种类较多，因此各种因素都可能对装置的能耗产生影响。由于在正常生产中氮气、循环水、电的消耗基本保持不变，同时加热炉消耗的燃料也比较少，因此主要需控制好各塔的蒸汽消耗，对各塔温度的控制尽量不要设定为手动控制，而采用串级控制。减少放火炬物料的量，降低装置的损耗。

要降低装置的能耗，需从每个职工做起。要积极开展节能降耗的宣传，开展轮班竞赛，对能耗完成较好的班组进行奖励，从身边的小事做起，人人参与其中，才能更好地降低装置的能耗。

8.4 节水减排

水作为工农业生产的重要原料，也是人类赖以生存的宝贵自然资源，没有水就没有生命，就没有良好的自然环境。当今世界已经进入一个水资源紧张的年代，出现了全球范围的水危机。我国是一个贫水国家，人均水资源只相当于世界人平均占有量的1/4，是世界最贫水的13个国家之一。石化企业是水资源消耗大户，随着国内对石油燃料的需求量不断增加，石化企业的规模在不断的增大，生产过程的用水量和排水量也大幅度增长，并同时向环境排放大量的污染物。节水可产生明显的经济效益，可有效地减少废水对环境的污染。

8.4.1 提高节水意识，减少循环水的补水量

加氢装置消耗的水资源主要来自于循环水及各级蒸汽，减少用水应与加强管理等综合进行考虑，走综合防治的道路。

汽油加氢装置使用循环水进行冷却的换热器较多，工业循环水的用量很大，在实际操作中应控制水的流速、温度，禁止循环水的直排。在管理上加强科学用水的管理，保证循环水的回水率，不用循环水冲洗设备和地面。

目前危害较大的是设备泄漏。工艺介质的泄漏，会造成循环水系统污染，进而采用新鲜水大量置换受污染的循环水系统，从而造成过多的污水排放。诸多汽油加氢装置曾多次出现过因设备泄漏而污染循环水系统的事件。因此，在日常管理中，需加强换热器的管理，建立换热器管理台帐，对设备加强监控，及早发现可能泄漏的设备，并采取相应地处理措施，避免造成大面积污染循环水系统的恶性事件。

8.4.2 加强管理，延长装置运行周期

提高全员节水意识，建立健全工业用水的管理制度和用水考核及奖惩制度，将工业节水指标列入全员考核指标之一。加大工业节水的管理力度，向管理要效益。从小事做起，尽量减少跑、冒、滴、漏，真正做到清洁、文明生产。

在装置日常运行过程中，尽可能减少抢修吹扫或水洗次数，以减少污水产生量。尽量延长装置的运行周期，非检修年就可以减少停工吹扫的高浓度污水和高污染物对污水处理场的冲击和对环境的污染。排污量减少，COD 排放总量就可以得到有效地控制。

参 考 文 献

1 韩文光．化工装置实用操作技术指南．北京：化学工业出版社，2001

2 孙桂大，闫富山．石油化工催化作用导论．北京：中国石化出版社，2000

3 张四方，李改仙，康旭珍，郭生金．化工基础．北京：中国石化出版社．2004

4 赵镜全．化工过程及设备．北京：化学工业出版社．1991